Kawthar BELKAALOUL

Bactérias do ácido lático e função intestinal

Kawthar BELKAALOUL

Bactérias do ácido lático e função intestinal

Experimentação e aplicação

ScienciaScripts

Imprint
Any brand names and product names mentioned in this book are subject to trademark, brand or patent protection and are trademarks or registered trademarks of their respective holders. The use of brand names, product names, common names, trade names, product descriptions etc. even without a particular marking in this work is in no way to be construed to mean that such names may be regarded as unrestricted in respect of trademark and brand protection legislation and could thus be used by anyone.

Cover image: www.ingimage.com

This book is a translation from the original published under ISBN 978-620-6-70600-7.

Publisher:
Sciencia Scripts
is a trademark of
Dodo Books Indian Ocean Ltd. and OmniScriptum S.R.L publishing group

120 High Road, East Finchley, London, N2 9ED, United Kingdom
Str. Armeneasca 28/1, office 1, Chisinau MD-2012, Republic of Moldova, Europe
Printed at: see last page
ISBN: 978-620-8-07080-9

Conteúdo

Resumo

Os leites fermentados são fontes de péptidos bioactivos que podem modular várias funções corporais, tais como o sistema digestivo, o sistema cardiovascular e o sistema imunitário. Neste estudo foram estudadas cinco bactérias lácticas: *Lactobacillus paracasei, Enterococcus faecalis* DAPTO 512, *Enterococcus faecium*, e duas co-culturas (*bifidobacterium longum - lactobacillus plantarum*) e (*bifidobacterium longum.-streptococcus thermophillus*), isoladas localmente e identificadas a partir do leite de vaca. O desempenho das estirpes selecionadas durante a fermentação e o seu potencial probiótico foram avaliados *in vitro*. Os hidrolisados obtidos após a fermentação foram caracterizados por eletroforese (SDS-PAGE) e cromatografia (HPLC). A capacidade antioxidante das fracções de péptidos hidrofóbicos foi medida por ABTS. Os efeitos preventivos e terapêuticos dos diferentes hidrolisados foram avaliados *ex-vivo* numa câmara de Ussing na mucosa intestinal de ratinhos Balb/c sensibilizados à ß-Lg por via intraperitoneal e por via oral ao leite de vaca. Foi efectuado um estudo histológico para avaliar o estado da arquitetura intestinal. Os resultados mostram que as estirpes selecionadas têm um bom desempenho fermentativo, a sua atividade proteolítica é elevada e hidrolisam caseinatos de sódio e ß-Lg em graus variáveis. O perfil cromatográfico dos péptidos gerados mostra que estes aparecem na fração hidrofóbica da fase móvel. A avaliação da capacidade antioxidante destas fracções peptídicas mostrou que os péptidos produzidos pela estirpe *L.paracasei* têm uma atividade antioxidante marcada. A avaliação do efeito preventivo mostrou que os animais aos quais foram administrados os hidrolisados produziram níveis ligeiramente inferiores de IgG e IgE anti-Blg no soro do que os que receberam o controlo positivo. O estudo em câmara de Ussing mostrou que a resposta à estimulação alergénica era significativamente inferior à observada no grupo de controlo positivo. O estudo do efeito terapêutico dos diferentes hidrolisados mostrou também que a taxa de IgE permaneceu comparável à do grupo de controlo positivo. Por outro lado, os testes de desafio alérgico em câmara de Ussing mostraram uma redução da corrente de curto-circuito (Isc) e da condutância (G). Os estudos histológicos mostraram que os grupos que receberam hidrolisados apresentavam danos histológicos menores com menos sinais inflamatórios e vilosidades mais ou menos alargadas. Os hidrolisados produzidos pelas estirpes selecionadas têm um efeito preventivo e terapêutico no nosso modelo experimental e parecem ter também um efeito protetor no epitélio intestinal. A estirpe *L. paracasei* é um candidato interessante, uma vez que os efeitos terapêuticos e preventivos são significativamente mais acentuados.

Palavras chave: bactérias lácticas- leites fermentados- proteólise- atividade antioxidante- imunomodulação- péptidos bioactivos- câmara de Ussing- ratinhos Balb/c.

Introdução

Os leites fermentados são consumidos há milhares de anos devido ao seu sabor agradável e ao seu prazo de validade.

As bactérias lácticas são bactérias Gram-positivas que produzem ácido lático como principal produto do seu metabolismo. São constituídas por 12 géneros bacterianos, sendo os mais estudados os *Lactobacillus*, *Lactococcus*, *Streptococcus*, *Enterococcus*, *Pediococcus* e *Bifidobacterium* (Stackebrandt e Teuber, 1988).

Estes microrganismos são utilizados em vários processos na indústria alimentar. São reconhecidos como seguros pelas autoridades sanitárias (Jankovic et *al.*, 2010). Desempenham um papel importante nas reacções bioquímicas durante a acidificação do leite, o desenvolvimento do sabor e a proteólise. A proteólise é considerada um dos processos bioquímicos mais importantes envolvidos no fabrico de produtos da indústria alimentar. A capacidade de segregar proteinases extracelulares é muito importante para o crescimento das bactérias lácticas. Estas hidrolisam as proteínas do leite, fornecendo aminoácidos essenciais para o crescimento (Fira et *al.*, 2001). A proteólise durante a fermentação bacteriana melhora a digestibilidade e a qualidade nutricional do produto lácteo final, bem como altera a sua textura e sabor (Fira et *al.*, 2001).

Mas, atualmente, a sua popularidade está mais associada aos seus efeitos positivos na saúde. As proteínas do leite possuem inúmeras actividades biológicas que tornam estes componentes eficazes na melhoria da saúde humana (Hernández-Ledesma et *al.*, 2014). Nos últimos anos, reconheceu-se que não só as caseínas intactas e as proteínas do soro têm um efeito nutricional, como também os péptidos bioactivos derivados destas fracções possuem propriedades fisiológicas (Clare & Swaisgood, 2000; Haquea et *al.*, 2009). Numerosas propriedades biológicas foram descritas na literatura, incluindo péptidos com atividade antimicrobiana (López-Expósito & Recio, 2006), redutora do colesterol (Hartmann & Meisel, 2007), anti-hipertensiva (Korhonen, 2009; Jäkälä e Vapaatalo, 2010; Moslehishad et *al.*, 2013), opióide, imunomoduladora e antioxidante (Moslehishad et *al.*, 2013).

Os péptidos bioactivos têm sido recentemente utilizados como nutracêuticos. A utilização de hidrolisados de proteínas lácteas após fermentação láctica na alergia às proteínas do leite de vaca é uma via interessante.

As alergias alimentares estão a aumentar em todo o mundo. Afectam 2,5% das crianças com menos de 3 anos de idade (Chatchatee et *al.*, 2001; Ross et *al.*, 2005). A maioria dos estudos demonstrou que as caseínas e a ß-lg são os principais alergénios do leite de vaca (Cocco et *al.*, 2003). A fermentação por bactérias lácticas poderia reduzir alguns dos efeitos indesejáveis destes alergénios. Foram utilizadas várias abordagens para reduzir a antigenicidade/alergenicidade destes alergénios. Uma abordagem possível seria utilizar certas propriedades fisiológicas dos hidrolisados de leite fermentados por bactérias lácticas.

Apesar da abundância de investigação sobre os benefícios probióticos das bactérias do ácido lático, subsistem questões sobre os seus mecanismos de ação precisos e o seu impacto em diferentes modelos biológicos. Além disso, a diversidade funcional das estirpes isoladas do leite de vaca e a sua influência específica na saúde intestinal, particularmente em modelos de ratinho como o ratinho BALB/c, continuam a ser insuficientemente exploradas. Este livro tem como objetivo preencher estas lacunas, fornecendo uma análise aprofundada das propriedades funcionais das bactérias do ácido lático e avaliando o seu papel na modulação da função intestinal. A questão central que nos propomos explorar é a seguinte: até que ponto a caraterização funcional das bactérias lácticas derivadas do leite de vaca pode contribuir para um modelo preditivo da modulação da função intestinal no ratinho BALB/c?

CAPÍTULO 1

1. Bactérias do ácido lático

1.1 Propriedades e classificação das bactérias do ácido lático

As bactérias do ácido lático (BAL) são um dos grupos mais próximos dos seres humanos. Estão naturalmente associadas às membranas mucosas, particularmente ao intestino (Wood e Hozapfel, 1995; Wood e Warner, 2003).

Os critérios metabólicos e fisiológicos das bactérias lácticas permitem classificá-las como bactérias gram-positivas, catalase-negativas, estritamente fermentativas, que produzem ácido lático como principal produto final da fermentação do açúcar (Kandler, 1983).

As BAL são também utilizadas na fermentação industrial de produtos lácteos, de carne e vegetais. Nesta fase, o grupo das BAL inclui cerca de 20 géneros, dos quais *Aerococcus, Carnobacterium, Enterococcus, Lactobacillus, Lactococcus, Leuconostoc, Oenococccus, Pediococcus, Streptococcus, Tetragenococcus, Vagococcus* e Weissella são considerados os géneros mais associados aos alimentos (Axelsson, 2004).

Nas bactérias lácticas, podem distinguir-se duas vias principais para a fermentação de hexoses. Estas são a glicólise (via de Emden-Meyer), que resulta em ácido lático quase exclusivamente como produto final (homofermentativa) e a via do 6-fosfogluconato/fosfocetolase, que resulta na produção de outros produtos, como o etanol, o ácido acético e o CO_2, para além do ácido lático (heterofermentativa) (Schleifer e Ludwig, 1995).

1.2 Bactérias do ácido lático na produção de produtos fermentados

As BAL são utilizadas na produção de uma vasta gama de produtos lácteos fermentados, como o queijo e o iogurte. Podem contribuir para a segurança microbiológica do produto fermentado. A qualidade tecnológica, nutricional e organoléptica resulta da produção de etanol, ácido acético, aromas, exopolissacarídeos, bacteriocinas e várias enzimas (Axelsson, 2004).

1.3 Processo de fermentação por bactérias lácticas

Os métodos e conhecimentos associados ao fabrico de produtos fermentados foram transmitidos ao longo de várias gerações. Por definição, a fermentação é o processo em que um substrato sofre alterações bioquímicas resultantes da atividade metabólica dos microrganismos e das suas enzimas. Durante a fermentação, a energia (ATP) é derivada da oxidação parcial de compostos orgânicos, como os hidratos de carbono (Gotcheva et *al.*, 2000). Os produtos orgânicos simples formados a partir deste processo de oxidação servem também como aceptores finais de electrões e hidrogénio. O ATP é produzido por fosforilação do substrato.

No final dos anos 50, Pasteur demonstrou que a fermentação é um processo vital específico para o crescimento de cada microrganismo e que cada tipo de fermentação é definido pelo produto final formado (ácido lático, etanol, ácido acético ou ácido butírico). Durante a fermentação, o piruvato é metabolizado em vários compostos. A fermentação homoláctica produz ácido lático, enquanto a fermentação heteroláctica produz ácido lático e outros ácidos e álcoois. Muitos produtos alimentares devem as suas caraterísticas à fermentação e à atividade dos microrganismos. A digestibilidade, o valor nutricional e as qualidades organolépticas estão ligadas ao prazo de validade e são melhoradas pelo processo de fermentação. Muitos alimentos curados, como os queijos e os pepinos, são conservados porque têm um prazo de validade mais longo do que os produtos frescos (Panesar et *al.*,

2011).
1.3.1 Metabolismo das bactérias lácticas na fermentação dos produtos lácteos
1.3.1.1 Glicólise
A primeira fase da fermentação das bactérias lácticas no fabrico de queijo é a fermentação da lactose em ácido lático. A produção de ácido é muito importante para o desenvolvimento das caraterísticas organolépticas de certos tipos de queijo. Uma redução rápida do pH durante as fases iniciais da preparação do queijo é essencial para a coagulação das proteínas do leite. A acidez determina o valor do pH que influencia a estrutura das proteínas, bem como a estrutura e o sabor do produto (Broadbent e Steele, 2005).
1.3.1.2 Catabolismo do citrato
O leite contém cerca de 1,5g/l de citrato. Uma grande quantidade é perdida durante o processo de fermentação e o resto encontra-se na fase solúvel do leite. No entanto, a baixa concentração de citrato é de grande importância, uma vez que pode ser metabolizado em vários compostos voláteis por bactérias mesófilas (Lactococci, Enterococci, leuconostoc. citrato positivo) (McSweeney e sousa, 2000), Vários estudos investigaram o metabolismo de citrato de Enterococci, que mostrou o alto poder de metabolizar citrato. Esta propriedade é utilizada na indústria agroalimentar (Sarantinopoulos et *al.*, 2001; Rea e cogan, 2003).
1.3.1.3 Lipólise
A formação de ácidos gordos livres (AGL) pela lipólise do leite e a conversão dos ácidos gordos livres em metil-cetonas e triésteres pelas lipases e esterases têm um efeito direto no processo de desenvolvimento do sabor e da textura do produto. As enzimas envolvidas nestas reacções podem provir do coalho, do próprio leite ou dos fermentos lácticos. De acordo com (Giraffa, 2003), as esterases podem ser classificadas como enzimas que hidrolisam substratos solúveis, enquanto as lipases hidrolisam substratos insolúveis (Broadbent e Steele, 2005). As lipases/esterases lactocócicas estudadas por vários autores são intracelulares (Fox et *al.*, 1993; Fox e Wallace, 1997). As estirpes de Lactobacillus como *L. helveticus*, *L. delbruekii subsp bulgaricus* e *L.delbruekii subsp. lactis* também produzem esterases, algumas das quais foram estudadas (Khalid e Marth, 1990). Os enterococos de origem alimentar são os mais lipolíticos e esterolíticos, em particular *E.faecalis*, seguido de *E.Durans* e *Efaecium* (Tsakalidou et *al.*, 1993; Sarantinopoulos et *al.*, 2001). No entanto, a sua atividade lipolítica é condicionada por uma série de factores e condições de crescimento. A atividade esterolítica dos enterococos é mais eficaz do que a atividade lipolítica (Giraffa, 2003).
1.3.1.4 Proteólise
A proteólise é considerada um dos mais importantes processos bioquímicos envolvidos no fabrico de muitos produtos lácteos fermentados. A proteólise durante a maturação do queijo resulta da ação de enzimas coagulantes, como a quimosina, e de proteinases endógenas do leite, como a plasmina. A hidrólise é inicialmente iniciada pela quimosina coagulante e proteinases endógenas. A segunda fase é a proteólise bacteriana por proteinases e peptidases.
Os péptidos de baixo peso molecular libertados pelas caseínas afectam diretamente o sabor, mas alguns deles podem também conferir amargor. A libertação de aminoácidos livres pode também afetar diretamente o sabor. Por exemplo, os resíduos de glutamato e aspartato realçam o sabor e são estimulantes do paladar. Mais frequentemente, os aminoácidos libertados são precursores de muitos compostos aromáticos (Sarantinopoulos et *al.*, 2001).
1.3.1.5 Papel das bactérias lácticas iniciadoras e não iniciadoras na fermentação
Os produtos fermentados mais antigos eram preparados naturalmente na presença da microflora presente no produto original. Durante esta fermentação natural, a qualidade do

produto final depende da concentração de microrganismos e das condições de fermentação. A utilização de fermentos lácticos foi desenvolvida para explorar os fermentos e obter produtos de sucesso. Esta técnica, conhecida como reinoculação, envolve a inoculação de leite com pequenas quantidades de inóculo de um fermento, de modo a otimizar a fermentação espontânea de diferentes produtos (Williams et al., 2000).

Durante muitos anos, as bactérias lácticas foram utilizadas no fabrico de produtos lácteos fermentados, como o queijo e o iogurte. Atualmente, as bactérias do ácido lático desempenham um papel importante na indústria dos lacticínios devido ao seu metabolismo único. Estas incluem a produção de ácido como resultado do metabolismo dos açúcares, as actividades proteolíticas de várias proteases e peptidases e também a produção de compostos antimicrobianos que podem prevenir ou inibir os agentes patogénicos.

As bactérias lácticas iniciadoras (BLS) são adicionadas no início do processo de fabrico. As bactérias lácticas não starter (NSLAB) são aquelas que não foram adicionadas como parte da cultura starter e utilizam ácidos nucleicos derivados da autólise das BLS (Williams et al. 2000; Kieronczyk et al., 2001; Diaz-Muniz et al., 2006).

1.3.2 Sistema proteolítico das bactérias lácticas

As bactérias do ácido lático são incapazes de sintetizar os aminoácidos de que necessitam para crescer (fig.1). As proteínas do leite são decompostas em péptidos e aminoácidos durante o processo de fermentação, que são utilizados como fontes de nutrientes essenciais para o crescimento (Juillard et al., 1995; Hafeez et al., 2014).

O sistema proteolítico das bactérias do ácido lático é composto principalmente por i) uma ou mais proteases da parede celular, também conhecidas como proteinases do invólucro celular, capazes de hidrolisar as proteínas do leite em péptidos entre 4-30 resíduos (Laan & Konings, 1989); ii) o sistema proteolítico inclui oligopeptidases, duas permeases que actuam como poros e duas ATPases que fornecem energia e iii) peptidases intracelulares necessárias para a degradação dos péptidos. As proteinases do envelope celular são inicialmente responsáveis pela hidrólise e são os principais intervenientes na libertação de péptidos bioactivos (Savijok et al., 2006).

Foram caracterizados cinco tipos de proteinases em Iactobacilli (Holck e Naes, 1992; Gilbert et al., 1996; Pederson et al., 1999; Siezen, 1999; Fernandez-Espla et al., 2000; Pastar et al, 2003), incluindo PrtP para *Iactococcus lactis* e *lactobacillus paracasei*, PrtS para *streptococcus thermophillus*, Prt H para *lactobacillus helveticus*, Prt B para *L. delbruekii subsp bulgaricus* e PrtR para *L. rhamnosus*. As proteinases não contêm o mesmo número de domínios. Por exemplo, o domínio B está ausente na Prt S, o domínio I na Prt R e o domínio AN na Prt H e na Prt B (Exterkate et al., 1993). São todas classificadas como serina-proteinases de subtilisina devido à homologia entre os seus domínios catalíticos e a subtilisina de bacillus subtilis. *L.lactis* tem um número de proteinases diferentes, distinguidas pelos seus modos de ação (Exterkate et al., 1993). O tipo PI hidrolisa a β-caseína, mais de 100 oligopeptídeos que variam em tamanho de 4 a 30 resíduos de aminoácidos. O tipo PIII é capaz de hidrolisar a Γα-S1 e a β-caseína. As proteinases têm caraterísticas intermédias entre PI e PIII.

Os dois tipos (I e III) de proteinases partilham 98% de semelhança com cinco substituições na região de ligação ao substrato destas duas proteases (Exterkate et al., 1993). Vários parâmetros como a relação enzima/substrato, a composição do meio, o tratamento térmico, a temperatura, o pH, a relação carbono/nitrogénio influenciam a expressão e a capacidade das proteinases para libertar péptidos bioactivos das proteínas do leite (Hafeez et al., 2014).

Foram obtidos diferentes perfis de hidrólise em estirpes com as mesmas proteinases do tipo prtS em diferentes condições (Miclo et *al.*, 2012).

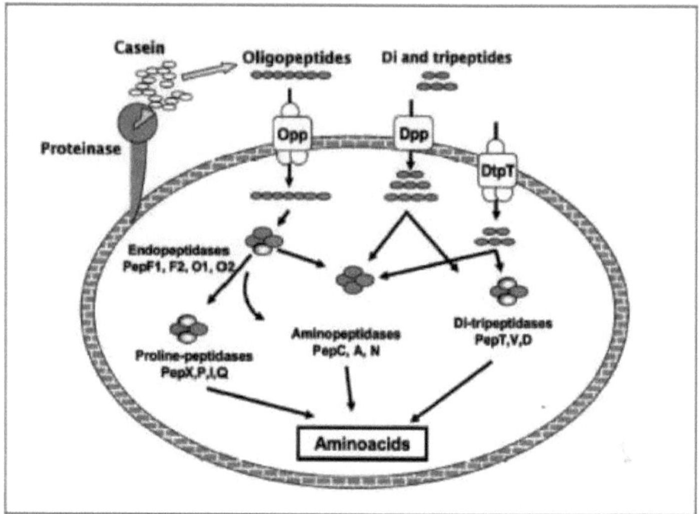

Fig.1: Apresentação esquemática do sistema proteolítico das bactérias do ácido lático (Kunji et *al.*, 1996)

CAPÍTULO 2

2. Proteínas do leite

2.1 Composição

O leite contém 30-35g de proteínas por litro, o que representa 95% do azoto total. Cerca de 80% das proteínas apresentam-se sob a forma de uma estrutura supramolecular esferoidal que contém um componente mineral designado por micelas de caseína (quadro 1). Estas são facilmente separadas por ultracentrifugação na sua forma nativa, por precipitação isoeléctrica a pH 4,6 da caseína numa forma desnaturada, ou por goagulação do leite por quimosina (enzima coagulante do coalho) sob a forma de um complexo fosfocálcico (Barnig et al., 2005).

A fração não sedimentável (ou filtrável), conhecida como soro de leite, contém cerca de 18% do total de proteínas. Estas são conhecidas como proteínas solúveis ou proteínas do soro. Contêm duas proteínas globulares principais, a ß-lactoglobulina e a a-lactalbumina, e outras proteínas em menor quantidade (imunoglobulina, seralbumina, etc.). $_s$As quatro caseínas (α 1, $_{as2}$, β e κ) e as duas principais proteínas do soro de leite (β-lactoglobulina e a-lactoalbumina) são sintetizadas pela glândula mamária, sendo as outras maioritariamente de origem sanguínea; a sua sequência primária é conhecida, assim como a sua estrutura espacial (Sicherer et al., 1999).

As caseínas são moléculas com uma estrutura pouco ordenada e muito desdobrada, com cadeias laterais polares (principalmente fosfoseriladas e carboxílicas) agrupadas no lado N-terminal ($_{as1}$ e β) ou apolares no lado C-terminal ("sι e β), sendo esta distribuição invertida para a κ caseína (polar no lado C-terminal). Note-se, no entanto, que a caseína $_{as2}$ existe em parte sob a forma dimérica (pontes dissulfureto intermoleculares) e que a caseína κ pode estar presente sob a forma monomérica ou polimérica (o grau de polimerização pode ultrapassar as 10 unidades) (Lorient e Cayot, 1991).

Embora a micela seja muito estável a temperaturas elevadas superiores a 100°C e ao tratamento mecânico, é muito sensível às alterações do ambiente: a acidificação a pH 4,6 desestabiliza a fase mineral e provoca a precipitação da caseína desmineralizada. As baixas temperaturas provocam igualmente uma desestabilização parcial da micela, que perde uma parte da β-caseína. As proteínas solúveis têm uma estrutura globular compacta, estabilizada por pontes dissulfureto.

Quadro 1: Caraterísticas estruturais das principais proteínas do leite (Lorient e Cayot, 1991)

Fração	Concentração g/l (% proteína)	Peça protética P(fósforo) G(hidratos de carbono)	Ponte de dissulfureto (ou grupo SH)	Peso molecular	estrutura
Caseínas	24-28 (82)				micelar
Otsl	12-15 (39-46)	8P	0	23612	bipolar
αs2	3-4(8-11)	10-13P	2cys SH	25228	desdobrado
ß	9-11(25-35)	P	0	23980	bipolar
K	3-4(8-15)	1P-1G	2cys SH	19000	bipolar
γ	1-2(3-7)				Fragmentos de β-caseína

Proteínas solúveis β-lactoglobulina α-lactoglobulina albumina sérica imunoglobulina proteose-peptonas	5-7 (18) 2-4 (7-12) 1-1,5(2-5) 0,1-0,4(0,7-1,3) 0,6-1(1,9-3,3) 2-5 (0,6-1,8)	Cálcio	2SS-1SH 4S-S 17S-S-1 SH	18362 14174 69000 15000 à 1.000.000	Globular compacto Oligómeros globulares Globular Oligómeros Globular ou espalhada

desnaturadas pelo calor, causando perda de solubilidade ou gelificação, consoante o pH e a concentração de proteínas e sais minerais. Devido à sua estrutura compacta, e ao contrário das micelas, são altamente resistentes a certas proteolises no seu estado nativo. As suas propriedades físico-químicas podem ser facilmente modificadas por desnaturação (Considine et *al.*, 2007; Anema, 2008).

2.2 Propriedades funcionais das proteínas do leite

As proteínas do leite desempenham um papel essencial na nossa alimentação quotidiana, uma vez que são consumidas em grandes quantidades numa grande variedade de formas, como o leite de consumo, os produtos lácteos (queijo, iogurte, sobremesas lácteas) e numerosas preparações alimentares (conservas, refeições prontas, molhos, sopas, pastelaria, confeitaria). A sua composição equilibrada em termos de resíduos de aminoácidos essenciais e a sua boa digestibilidade são os seus principais trunfos aos olhos dos nutricionistas (Korhonen et *al.*, 2006). A isto acresce o facto de estas proteínas, com as suas estruturas moleculares variadas, conferirem aos alimentos em que são incorporadas uma excelente aceitabilidade sensorial, graças a um grande número de propriedades físico-químicas e tecno-funcionais. Constituem ingredientes polifuncionais de excelente valor acrescentado que as novas técnicas de fracionamento são capazes de fornecer à indústria alimentar sob formas adaptadas a diferentes utilizações (Sicherer et *al.*, 1999).

2.2.1 Absorção intestinal das proteínas

O epitélio intestinal, que cobre a mucosa digestiva, é uma interface importante entre o lúmen intestinal e o sistema imunitário da mucosa e constitui um local de comunicação onde ocorrem as interações mais complexas entre os genes e o sistema imunitário (fig.2). Permite que os nutrientes sejam absorvidos ao mesmo tempo que forma uma barreira eficaz para impedir a entrada maciça de antigénios alimentares incompletamente hidrolisados (Brandtzaeg, 2011). A barreira intestinal é essencialmente constituída por uma monocamada epitelial que inclui enterócitos absorventes, células mucosas, células endócrinas, células de Paneth e células M localizadas acima das placas de Peyer e folículos linfóides isolados especializados na transmissão controlada de microrganismos às células imunitárias do córion (Spahn e Kucharzik 2004) (fig.3).

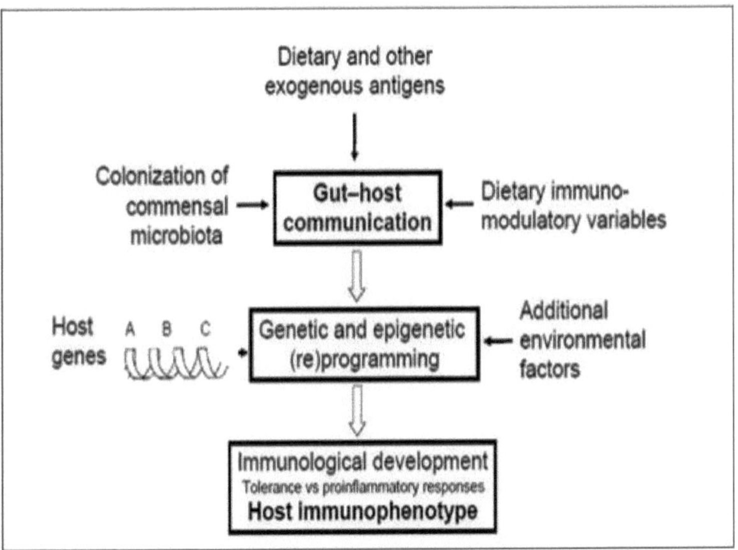

Fig.2 Influência dos antigénios externos no trato gastrointestinal (Brandtzaeg, 2011)

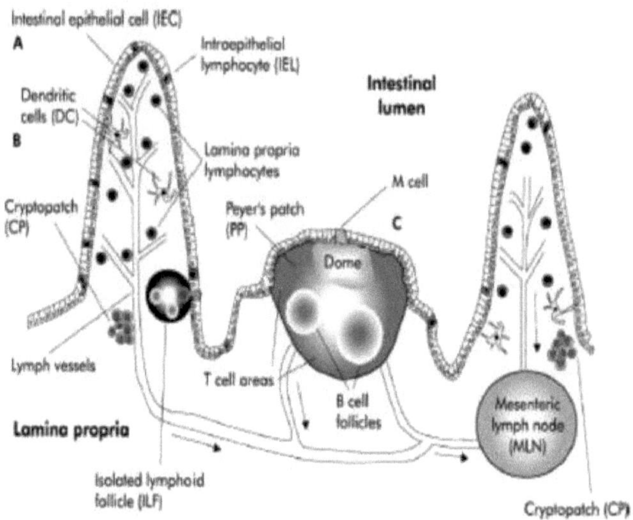

Fig.3 Representação esquemática dos elementos linfóides do GALT

CP: placas criptográficas; IEL: linfócitos intra-epiteliais; PP: placas de Peyer; MLN: gânglios linfáticos mesentéricos; ILF: folículos linfóides. Os antigénios do lúmen intestinal são absorvidos por 4 vias principais: diretamente pelos enterócitos: IEC (A), pelas células dendríticas: DC (B), pelas células M (C) ou por uma via paracelular não indicada no diagrama (D). (Spahn e Kucharzik 2004)

Ao nível da barreira intestinal, a passagem de proteínas alimentares intactas é um passo necessário para o reconhecimento imunológico. O trato digestivo e o sistema linfoide associado ao trato gastrointestinal (GALT) desempenham um papel importante na sensibilização aos alergénios alimentares (Adel-Patient et *al.*, 2008). Em condições fisiológicas, poucas proteínas alimentares são absorvidas intactas e chegam ao GALT numa forma imunologicamente ativa. Alguns alergénios alimentares são resistentes à digestão, atingem o local de indução de uma resposta imunitária e provocam sensibilidade no indivíduo alérgico (Adel-Patient et *al.*, 2008; Zellal, 2009, El mecherfi et *al.*, 2015). É o caso da ß-lactoglobulina do leite bovino, que é resistente à pepsina (Moreno, 2007). Os péptidos de diferentes pesos moleculares podem manter a alergenicidade da proteína nativa mesmo após a degradação durante o processo de digestão (Zellal, 2009). Um estudo mostrou que a alergenicidade da ß-Lg aumentava após a proteólise na sequência da revelação de epítopos ocultos na estrutura terciária da proteína (Selo et *al.*, 1999).

2.2.2 As diferentes vias envolvidas na permeabilidade intestinal

O fator limitante na difusão de moléculas antigénicas ou tóxicas do lúmen intestinal para o córion subjacente é a monocamada de células epiteliais. Duas vias de absorção podem estar envolvidas na sua transferência intestinal: a via paracelular e a via transcelular (fig. 4) (Keita e Soderholm, 2010).

Em condições fisiológicas, a difusão paracelular diz respeito apenas a pequenas moléculas com uma massa molecular inferior a 600 daltons (marcadores de permeabilidade inertes como a lactulose e o manitol in vivo ou o 51Cr-EDTA in vitro). As junções estanques intercelulares são a principal estrutura que limita a permeabilidade paracelular (Powell, 1981; Desjeux et al., 1984; Marcon-Genty et al., 1989; Adson, 1994; Ménard et al., 2012).

Em ambiente inflamatório, verifica-se um aumento da capacidade de absorção por via paracelular. Trata-se de uma regulação complexa ligada a alterações da estrutura das junções de aperto (remodelação por fosforilação das proteínas constitutivas, ocludina, claudinas, JAM-A, ZO1, 2, 3) observadas em condições inflamatórias. Os movimentos iónicos são geralmente responsáveis pelo movimento da água e das moléculas solúveis e pelo fenómeno de arrastamento do solvente (Ménard, 2010).

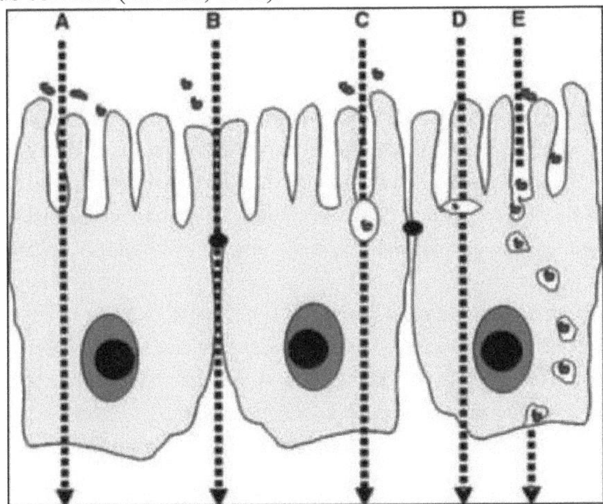

Fig. 4 Vias de transporte transepitelial.

A. A via transcelular; B. A via paracelular; C. A via transcelular através das aquaporinas (poros aquosos de troca passiva); D. Transporte ativo (nutrientes); E: Endocitose-transcitose-exocitose (Keita e Soderholm, 2010).

Existe também uma via de transporte transcelular para os antigénios luminais, que envolve um mecanismo de transcitose ativa (internalização da membrana apical e do conteúdo luminal, formação de endossomas, migração dos endossomas e exocitose dos produtos de degradação para a membrana basal) (Ménard, 2010).

[2]No entanto, a quantidade de antigénio que atravessa a barreira epitelial é muito pequena (2 µg/h/cm de mucosa) e representa apenas 1/1000 da concentração luminal (se a concentração luminal de um antigénio for de 1 mg/ml, será observada uma concentração de 1 µg/ml no córion). Este fenómeno de transcitose das proteínas alimentares não tem, portanto, qualquer interesse nutricional, mas é necessário para informar o sistema imunitário da mucosa (Heyman et al., 1984). As proteínas e os péptidos que atingem a lâmina própria intestinal podem ser captados pelas células apresentadoras de antigénios locais, como mostra o estudo de Chirdo et al (2005) que indica que, após gavagem de ratinhos com ovalbumina, este antigénio é rapidamente associado às células dendríticas intestinais (Ménard, 2010).

2.2.3 Papel dos exossomas epiteliais na informação do sistema imunitário intestinal

Os antigénios, como as proteínas alimentares e os microrganismos presentes na dieta da mãe, podem ser reconhecidos pelo sistema linfocitário do sistema digestivo. Mais especificamente, os linfócitos ingénuos estão agrupados em estruturas livres específicas denominadas placas de Peyer. A este nível, a barreira entre o conteúdo digestivo e estes linfócitos é parcialmente constituída por células M, que têm simultaneamente uma função de endocitose e uma falta de atividade proteolítica, uma vez que não possuem praticamente nenhum sistema lisossomal. Os linfócitos são, portanto, diretamente estimulados por antigénios luminais. O resultado é a multiplicação clonal e a migração para as diferentes estruturas mucosas dos organismos, incluindo as glândulas mamárias das mulheres que amamentam (El mecherfi, 2012).

Uma vez que uma fração significativa dos antigénios alimentares é transmitida através da barreira intestinal sob a forma de péptidos imunogénicos, isto sugere uma degradação incompleta e uma "proteção" dos péptidos durante o transporte transepitelial. A noção de que as células dendríticas apresentadoras de antigénios podem transformar proteínas em péptidos e libertar vesículas (exossomas) que contêm na sua superfície estes péptidos associados a moléculas do complexo principal de histocompatibilidade (MHC) de classe II levou à investigação da possibilidade de produção de exossomas pelas células epiteliais intestinais (Fig.5) Ménard, 2010). Esta hipótese foi apoiada pela demonstração da secreção de estruturas vesiculares (80 nm de diâmetro) por linhas epiteliais intestinais cuja estrutura e composição molecular são próximas das das células profissionais apresentadoras de antigénios (Raposo, 1996).

Os exossomas formam-se por internalização da membrana externa deste compartimento, o que explica a presença de complexos MHCII/peptídeos na sua superfície.

Os compartimentos MIIC podem fundir-se com o sistema lisossómico ou fundir-se com a membrana plasmática e libertar o seu conteúdo de exossomas no ambiente extracelular. Este fenómeno foi demonstrado em células epiteliais intestinais (Van Nieg et *al.*, 2001) e pode ser importante para a transferência de antigénios luminais em forma altamente imunogénica (Heyman, 2010). Com efeito, in vitro, os péptidos derivados da preparação de antigénios pela célula epitelial e libertados sob a forma de exossomas podem interagir muito eficazmente com as células dendríticas em cultura e estimular clones T específicos a concentrações 100 vezes inferiores às necessárias para a ativação por péptidos livres (Mallegol, 2007).

A transcitose de antigénios alimentares é essencialmente realizada por endocitose não específica da "fase fluida". No entanto, em determinadas circunstâncias, os antigénios luminais podem atingir a mucosa intestinal (Heyman, 2010). Sob a forma de imunocomplexos (fig.6), graças à expressão de receptores de imunoglobulina (Ig) expressos em condições normais ou patológicas na superfície apical dos enterócitos. Estes podem ser imunocomplexos IgE no caso de alergias alimentares ou complexos IgA/gliadina, como recentemente descrito na doença celíaca.

3. Alergia à proteína do leite de vaca

Nas crianças, o leite de vaca é um dos três alergénios alimentares mais frequentes, juntamente com os ovos e os amendoins. É responsável por 16% das alergias alimentares (Bidat, 2006). Nos bebés, a proteína do leite de vaca (CMSP) é o primeiro e único antigénio alimentar introduzido na dieta até à diversificação. É por isso que a alergia à proteína do leite de vaca (APLV) é uma patologia que ocorre precocemente, principalmente nos primeiros anos de vida (Fiocchi et al., 2010), com uma prevalência de 2 a 3% (Host et al., 2002).

Entre estes antigénios, a ß-lactoglobulina (ß-Lg), a a-lactalbumina (α-La) e as caseínas são os principais alergénios do leite de vaca. A albumina de soro bovino (BSA) e mesmo a lactoferrina presente em quantidades mínimas são também potenciais alergénios (Sharma et al., 2001; Fritsche, 2003; Bu et al.,2013).

Na Argélia, a incidência é de 1,8% (Ibsaine et al., 2013). Estudos recentes mostraram que surgiram alterações na história natural da alergia ao longo do tempo e que o início da doença é cada vez mais lento, com persistência na adolescência e na idade adulta (Skripak et al., 2007).

3.1 Mecanismo da alergia à proteína do leite de vaca

Estão envolvidos três mecanismos na reação imunomediada (Morali, 2004): Alergia dependente de IgE, alergia não dependente de IgE e alergia mista dependente de IgE/não dependente de IgE (Fox e Thomson, 2007).

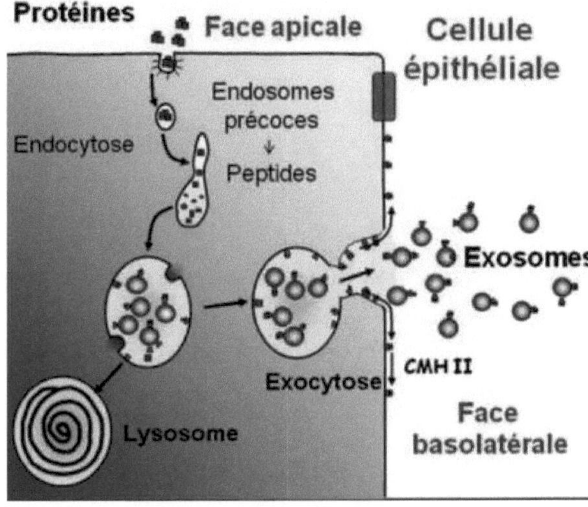

**Fig.5 Os exossomas são vesículas apresentadoras de antigénios que transportam na sua superfície o
complexo de incompatibilidade
major II/peptídeos (Ménard, 2010).**

3.2 Transporte intestinal de alergénios mediado por IgE na alergia

O recetor de baixa afinidade para IgE (FcεRI, CD23) é capaz de transportar complexos imunes de IgE através do enterócito na alergia intestinal (fig.7). O CD23 é um recetor expresso principalmente nas células hematopoiéticas, mas a sua expressão também foi observada nas superfícies apical e basal dos enterócitos em doentes com doenças intestinais, quer sejam dependentes de IgE ou não (alergia à proteína do leite de vaca, enteropatia autoimune, doença de Crohn, retocolite hemorrágica) (Kaiserlian, 1993; Lachaux, 1996).

Níveis elevados de expressão de IL-4, uma citocina Th2 envolvida em doenças alérgicas, são responsáveis pela sobreexpressão de CD23. Embora a IgE não seja considerada uma imunoglobulina segregada no lúmen intestinal, é encontrada em lavagens intestinais durante infecções parasitárias (Negrao-Correa, 1996) ou em alergias alimentares (Belut, 1980).

O papel dos imunocomplexos epiteliais CD23 e IgE na entrada de alergénios alimentares na mucosa intestinal foi demonstrado em modelos de alergia em ratos.

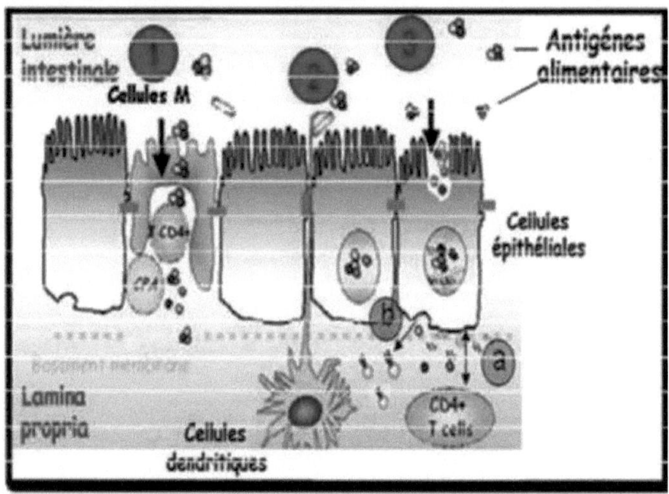

Fig.6 Gestão dos antigénios alimentares presentes no lúmen intestinal e sua apresentação ao sistema imunitário associado à mucosa intestinal

(Mallegol et *al.*, 2005).

A passagem transepitelial de antigénios presentes no lúmen intestinal e a sua apresentação ao sistema imunitário do GALT envolve três vias diferentes: (1) captura por células M que cobrem as placas de peyer (2) amostragem direta por células dendríticas na lâmina própria, através de dendritos que se estendem para o lúmen intestinal, e (3) endocitose de antigénios por células epiteliais e subsequente apresentação a células T subjacentes (a) ou libertação de exossomas que transportam péptidos antigénicos associados a moléculas do complexo principal de histocompatibilidade (b).

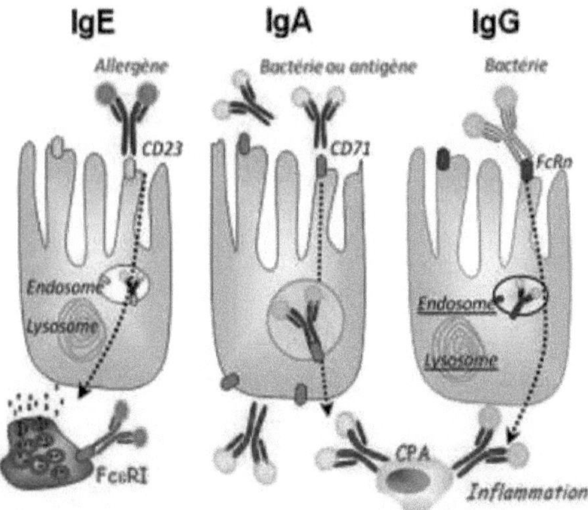

Fig. 7 As imunoglobulinas IgE, IgG e especialmente IgA estão presentes no lúmen intestinal (Heyman, 2010).

A sensibilização de ratos a uma proteína de ensaio, a horseradish peroxidase (HRP), levou a que esta proteína fosse absorvida pelos enterócitos e transportada mais rapidamente do que o observado nos animais de controlo (Heyman et *al*., 1984; Yang, 2000).

Esta transferência rápida envolve o recetor CD23 e a presença de imunocomplexos de IgE (Berin, 1997). Assim, a sensibilização alérgica através do aumento da expressão do recetor CD23 permite que um alergénio complexado com IgE atravesse a barreira epitelial na sua forma intacta, evitando a degradação lisossomal. Este mecanismo permite que os imunocomplexos de alergénios IgE entregues ao córion induzam rapidamente a desgranulação dos mastócitos, conduzindo a uma resposta alérgica inflamatória.

Após exposição repetida a alergénios alimentares, os indivíduos atópicos desenvolvem uma resposta TH2 potente e produzem imunoglobulinas do tipo E. A IgE liga-se subsequentemente aos mastócitos e basófilos através dos seus receptores FcεRI (Galli, 2000; Kawakami, 2002; Galli, 2005). A reexposição aos mesmos antigénios leva à ativação e degranulação dos mastócitos e basófilos, que, após a ligação do alergénio à IgE de superfície, segregam mediadores inflamatórios: citocinas e quimiocinas, resultando numa resposta inflamatória de hipersensibilidade imediata do tipo I (Cole, 2001; Wood, 2003; Bischoff, 2005). Os anticorpos IgE são os únicos anticorpos que regulam a expressão do recetor FcεRI nos mastócitos e basófilos, o que leva à amplificação da reação alérgica imediata do tipo I (Lantz, 1997).

3.2.1 Hipersensibilidade dependente de IgE (reação imediata ou tipo I)

Na reação dependente de IgE, os sintomas alérgicos são, na maioria das vezes, imediatos. Estão ligados à degranulação dos mastócitos, com libertação de mediadores, após o contacto com um antigénio específico do leite (Rance, 2007).

Esta alergia de tipo I baseia-se na formação de imunoglobulina E (IgE) contra as proteínas alergénicas do leite (fig.8). Neste tipo de reação alérgica, os sintomas cutâneos, intestinais ou respiratórios aparecem dentro de duas horas após a ingestão de leite (de Boissieu e Dupont, 2006; Tsuge et *al*., 2006).

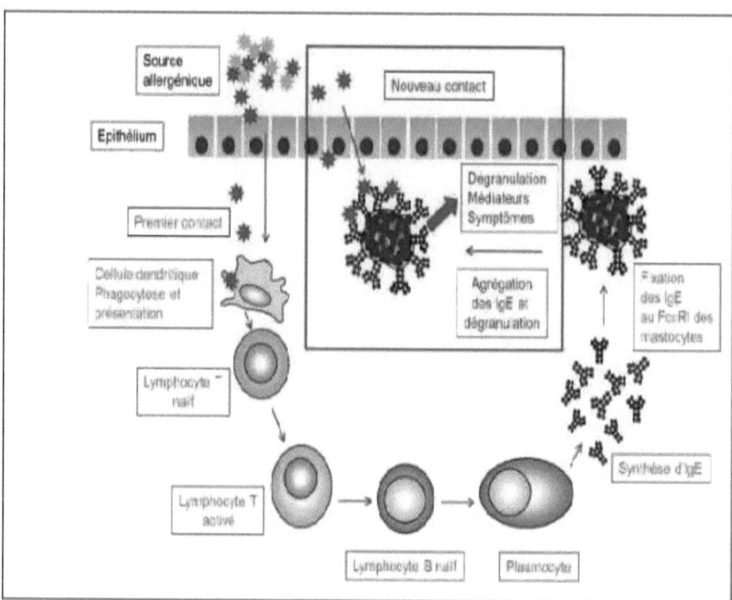

Fig.8 Hipersensibilidade dependente de IgE (reação imediata ou tipo I) (Larché et *al*., 2006)

Estes sintomas são desencadeados quando um alergénio liga dois anticorpos IgE com elevada afinidade aos receptores FCεRI na superfície de um mastócito ou célula basófila, induzindo a desgranulação das células e a libertação de mediadores biológicos como a histamina, bem como mediadores responsáveis por reacções inflamatórias (Merja et *al*., 2007). As células Th2, que produzem IL-4, IL-5, IL-10 e IL-13, controlam as reacções alérgicas do tipo I, activando os linfócitos B e regulando a secreção de IgE (Botturi e Magnan, 2006).

3.2.2 Hipersensibilidade semi-delgada (envolvimento de complexos imunes circulantes ou CIC) (Tipo III)

Durante a hipersensibilidade semi-delgada, podem formar-se complexos imunes específicos de IgE ou IgG no soro com antigénios (proteínas do leite de vaca) em locais locais locais ou sistémicos, levando à fagocitose ou a lesões mediadas pelo complemento (Lydyard et *al*., 2002). Esta reação pode aparecer após 8 a 12 horas da ingestão de leite (Morali, 2004).

3.2.3 Hipersensibilidade não dependente de IgE (reação retardada ou tipo IV)

Esta reação de hipersensibilidade, o único tipo transmissível por células T em vez de anticorpos, surge pelo menos 24 horas após o contacto com um antigénio provocador (proteínas do leite). Manifesta-se por sintomas cutâneos e intestinais (Tsuge et *al*., 2006). As respostas a esta hipersensibilidade conduzem frequentemente à produção de granulomas algumas semanas mais tarde. Esta hipersensibilidade também desempenha um papel em várias patologias em que há uma persistência do antigénio que o sistema imunitário não consegue suprimir, produzindo assim uma inflamação crónica (Lydyard et *al*., 2002).

As células Th1 estão envolvidas nesta reação de hipersensibilidade retardada e induzem a inflamação, secretando predominantemente IL-2, IFN-γ e TGF-β. As células Tc induzem respostas citotóxicas (Botturi e Magnan, 2006). Para além das células T, os principais intervenientes neste tipo de sensibilidade são as células dendríticas, os macrófagos e as citocinas (Lydyard et *al.*, 2002).

3.3 O papel das bactérias lácticas na redução da antigenicidade e da alergenicidade das proteínas do leite de vaca

Durante a fermentação, as bactérias do ácido lático têm a capacidade de hidrolisar epítopos proteicos, reduzindo assim a alergenicidade dos produtos resultantes. Os polissacáridos bacterianos, ou hidrocolóides, normalmente utilizados como texturizantes na indústria alimentar, também afectam a digestibilidade das proteínas (Kleber et *al.*, 2006). Ao estudar estas hipóteses, os investigadores demonstraram que as células da bactéria do ácido lático *L. acidophilus* são capazes de hidrolisar uma proteína do leite, a β-lactoglobulina, a uma taxa de 52%, enquanto a degradação desta proteína pela pepsina, uma enzima do suco gástrico, é baixa (8%). Esta taxa aumenta para 55% quando a hidrólise da pepsina é precedida de uma pré-hidrólise por *L. acidophilus*, e mesmo para 58% na presença de pectina ou de exopolissacáridos. Uma vez que os principais epítopos da β-Iactoglobulina foram hidrolisados, a alergenicidade desta proteína pode ser reduzida. Estes resultados sugerem que o *L. acidophilus* CRL 656 poderia ser utilizado como aditivo de cultura durante a fermentação do leite ou do soro de leite no fabrico de produtos lácteos fermentados com propriedades hipoalergénicas (Pescuma et *al.*, 2011). É agora aceite que as alergias alimentares ocorrem quando a tolerância oral não é induzida ou mantida ao longo do tempo. Por conseguinte, ao estimular a indução de tolerância oral, podemos prevenir o desenvolvimento de alergias (Besler et *al.*, 2001; Ruttarattanamongkol, 2012).

4. Bactérias do ácido lático na saúde humana

4.1 Os hidrolisados de leite fermentado e os benefícios dos péptidos para a saúde

Nas últimas duas décadas, tem-se desenvolvido o interesse na utilização de hidrolisados de proteínas lácteas contendo péptidos bioactivos para a prevenção de certas doenças crónicas (Hernández-Ledesma et *al.*, 2014).

Os peptídeos bioativos derivados do leite durante a fermentação consistem geralmente em dipeptídeos ou oligopeptídeos, que em alguns casos podem exceder 20 resíduos de aminoácidos (Wang & De Mejia, 2005; Erdmann et *al.*, 2008; El fahri et *al.*,2014). Em relação ao tamanho e ao conteúdo de aminoácidos, estes péptidos podem exercer diferentes actividades fisiológicas, tais como a atividade anti-hipertensiva, a atividade antioxidante e a atividade imunomoduladora (fig.9). Recentemente, o interesse tem-se centrado em péptidos alimentares de elevada potência que podem reduzir o stress oxidativo (Xiong, 2010; Zhao, Wu, & Li, 2010; Moslehishad et *al.,* 2013).

4.2 Produção de péptidos bioactivos

Basicamente, os péptidos biologicamente activos podem ser produzidos a partir das proteínas do leite da seguinte forma: **(a)** hidrólise enzimática digestiva, **(b)** fermentação (proteólise) (quadro 2), **(c)** por enzimas de microrganismos ou plantas.

A combinação de (**a, b, c**) gera péptidos funcionais (Korhonen & Pihlanto, 2003b).

4.3 Produção de péptidos bioactivos por bactérias do ácido lático

Devido à incapacidade das bactérias lácticas de sintetizarem todos os aminoácidos necessários ao seu crescimento, as bactérias lácticas decompõem as proteínas do leite em péptidos e aminoácidos durante o processo de fermentação, utilizando-os como fonte de crescimento (Juillard et *al.*, 1995). Estes péptidos podem ter efeitos benéficos para a saúde. O sistema proteolítico envolve **i)** uma ou mais proteases denominadas proteases do envelope celular (CEP) (Laan & Konings, 1989) capazes de hidrolisar as proteínas do leite em péptidos, **ii)** um sistema de transporte através de duas permeases com libertação de energia, **iii)** peptidases intracelulares para a degradação dos péptidos em aminoácidos (Savijoki et *al.,* 2006). As PEC são inicialmente responsáveis pela hidrólise das proteínas do leite e pela libertação de péptidos bioactivos (Siezen, 1999; Fernandez-Espla et *al.*, 2000; Hafeez et *al.*, 2014). A estirpe *L. helveticus* tem sido amplamente estudada na produção de produtos lácteos fermentados, tais como queijos. Esta estirpe tem uma elevada capacidade proteolítica e é capaz de libertar péptidos inibidores da angiotensina (Nakamura et *al.,* 1995; Pihlanto-Leppala et *al.,* 1998; Sipolae *al.,* 2002).

4.4 Produção de péptidos bioactivos por enzimas digestivas

Uma das técnicas mais comuns para a produção de péptidos bioactivos a partir de proteínas do leite é a hidrólise enzimática. Muitos péptidos bioactivos foram obtidos após hidrólise por enzimas digestivas, como a tripsina e a pepsina (Meisel & FitzGerald, 2003; Yamamoto et *al.*, 2003; FitzGerald et *al.*, 2004; Gobbetti et *al.*, 2004; Vermeirssen, et *al.*, 2004). Estes estudos relataram a potência dos péptidos com ação anti-hipertensiva, imunomoduladora, antioxidante e antimicrobiana.

4.4.1 Atividade anti-hipertensiva

A enzima conversora da angiotensina (ECA) tem sido associada ao sistema renina angiotensina, que regula a pressão arterial periférica (Korhonen & Pihlanto, 2006; De Leo et *al.*, 2009; Moslehishad et *al.,* 2013). A inibição desta enzima pode ter um efeito anti-hipertensivo. Um grande número de grupos peptídicos com atividade anti-hipertensiva foi isolado após a hidrólise enzimática das proteínas do leite. Atualmente, este é o grupo de péptidos bioactivos mais estudado (Hafeez et *al*., 2014). O efeito anti-hipertensivo dos péptidos bioactivos consiste em inibir a conversão da angiotensina I em angiotensina II (Vermeirssen, et *al*., 2004). Estes péptidos já foram isolados de uma variedade de produtos lácteos fermentados, incluindo queijos (Hartmann & Meisel, 2007), iogurtes (Donkor, 2007) e leite bovino fermentado (Qian et *al*., 2011) (tabela 3).

Péptidos com atividade antitrombótica

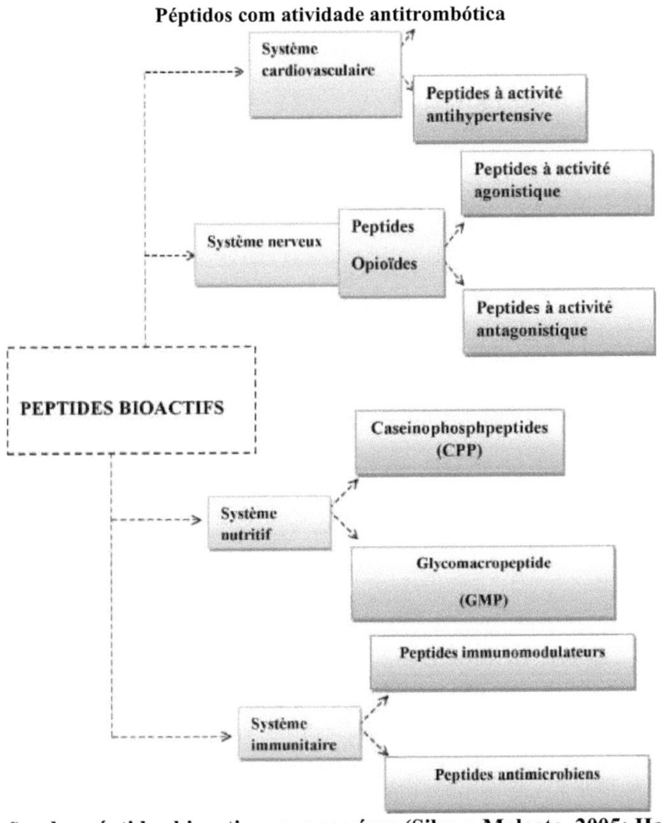

Fig.9 Funções dos péptidos bioactivos nas caseínas (Silva e Malcata, 2005; Hafeez et *al*., 2014)

Tabela 2: Exemplo das bioactividades de alguns leites fermentados (Hafeez et *al.*, 2014)

Tipo de produto	Bioactividades	Referências
Iogurte (tradicional e comercial)	Atividade antioxidante	Aloglu e Oner (2011)
Iogurte (probiótico)	Actividades antioxidante e antidiabética	Ejtahed et *al* (2012)
Leite fermentado (L. delbrueckii subsp. bulgaricus LA2)	Inibição da ECA	Regazzo et *al,* (2010)
Leite fermentado (L. delbrueckii subsp. bulgaricus LA2)	Imunomodulação	Regazzo et *al,* (2010)
Leite fermentado (E. faecalis TH563)	Inibição da ECA	Regazzo et *al,* (2010)
Kefir (leite e leite de soja)	Hipocolesterolemia	Liu et *al.*, 2007

Tabela 3: Alguns péptidos anti-hipertensivos presentes nas estruturas primárias das caseínas (Silva e Malcata, 2005).

Tipo de caseína Amino-ácido	Sequência do péptido	segmento	Referências
α-s1 (bovino)	23-24	FF	Maruyama e Susuki (1982); Maruyama et *al.* (1987a);
	102-109	KKYKVPQ	Gomez-Ruiz et *al* (2002)
a-s2 (bovino)	189-197	AMKPWIQPK	Maeno, Yamamoto, e Takano (1996)
	174-179	FALPQY	Tauzin, Miclo, e Gaillard (2002)
β (bovino)	74-76	PPI	Nakamura et *al* (1995)

4.4.2 Atividade imunomoduladora

Os hidrolisados de proteínas do leite e os péptidos derivados das caseínas e do soro de leite podem melhorar a função das células imunitárias e regular a síntese de citocinas (Sutas et *al.*, 1996; Gill et *al.*, 2000; Matar et *al.*, 2003; Meisel & FitzGerald, 2003). Foi demonstrado o efeito protetor de um imunopeptídeo derivado da caseína na resistência à infeção microbiana por *Klebsiella pneumoniae* (Migliore-Samour et *al.*, 1989). Foi igualmente sugerido que os péptidos imunomoduladores podem aliviar as reacções alérgicas em indivíduos atópicos e reforçar a imunidade da mucosa intestinal (Korhonen & Pihlanto, 2003). Neste contexto, os péptidos imunomoduladores podem regular o desenvolvimento do sistema imunitário nos recém-nascidos. Foi recentemente demonstrado que as proteínas do soro de leite disponíveis no mercado contêm péptidos imunomoduladores que podem ser libertados após a digestão enzimática (Mercier et *al.*, 2004). Além disso, vários estudos demonstraram que os imunopeptídeos formados durante a fermentação do leite têm efeitos anti-tumorais (Matar et *al.*, 2003) (quadro 4).

Tabela 4: Algumas sequências de péptidos imunomoduladores presentes nas estruturas primárias das caseínas (Silva e Malcata, 2005).

Tipo de caseína	Péptido sequência	Segmento de aminoácidos	Referências
α-s1 bovino)	1-23	RPKHPIKHQGLPQEVLNENLLRF	Minkiewicz et *al* (2000)
α-s2 (bovino)	1-32	KNTMEHVSSSEESIISQETYKQEKNMAI NPSK	Hata et *al* (1999)
β (bovino)	1-28	RELEELNVPGEIVESLSSSEESITRINK	Hata et *al* (1999)

4.4.3 Atividade antioxidante

Estudos recentes demonstraram o efeito antioxidante dos péptidos após a hidrólise das caseínas após digestão enzimática ou fermentação por bactérias proteolíticas (Korhonen & Pihlanto, 2003; Hafeez et *al.*, 2014). A fermentação bacteriana tem demonstrado ser um dos métodos mais económicos e práticos para a produção de produtos lácteos fermentados ricos em péptidos bioactivos (Hayes et *al.*, 2007; Moslehishad et *al.*, 2013). Recentemente, foram obtidos péptidos com propriedades antioxidantes por hidrólise enzimática ou bacteriana do leite de soja (Apostolidis et *al.*, 2006; Elias et *al.*, 2008; Zhao et *al.*, 2010; Shori et *al.*, 2013). Os péptidos identificados libertados da fração de as-caseína têm propriedades anti-radicais livres capazes de inibir a peroxidação lipídica enzimática e não enzimática (Suetsuna et *al.*, 2000; Rival et *al.*, 2001).

Muitos péptidos derivados das proteínas do leite podem produzir vários efeitos fisiológicos. Por exemplo, os péptidos da sequência 60-70 da β-caseína têm um efeito imunomudulador e opióide e inibem a enzima que converte a engiotencina (ACE) (Migliore-Samour & Jolle's, 1988; Meisel, 1997). A oxidação lipídica pode gerar radicais livres e desempenha um papel importante nas doenças cardiovasculares (Maxwell & Lip, 1997).

Nos últimos anos, foram identificadas novas classes de péptidos como antioxidantes. A oxidação lipídica é uma das principais causas da deterioração dos alimentos e da redução do prazo de validade na indústria alimentar (Pihlanto, 2006).

CAPÍTULO 5

Materiais e métodos

1. Propriedades das bactérias do ácido lático isoladas do leite de vaca

1.1 Amostragem e isolamento de bactérias do ácido lático

Foram recolhidas cinco amostras de leite de vaca no oeste da Argélia em condições estéreis. Para cada amostra de leite Rayeb tradicionalmente fermentado à temperatura ambiente, 10 ml foram pipetados de forma estéril para 90 ml de solução salina [0,9% NaCl (W/V)] e misturados. $^{-8}$Efectuaram-se diluições decimais na mesma solução até 10 . Um mililitro de cada diluição foi inoculado em SRM sólidas. As placas foram incubadas a 37°C durante 48 horas. As placas de Petri que continham entre 30 e 300 colónias foram selecionadas para purificação.

1.2 Identificação bioquímica de bactérias do ácido lático

Após a purificação em meios MRS (De Man et *al.*, 1960) e M17 (Terzaghi et Sandine, 1975), os isolados foram examinados ao microscópio e testados quanto à coloração de Gram e à atividade da catalase. Os isolados purificados foram armazenados a -20°C em leite desnatado reconstituído estéril (12,5%, W/V) com 30% (W/V) de glicerol.

Foi também utilizada neste estudo uma estirpe de *Bifidobacterium longum* (*Blg*), isolada das fezes de bebés e pertencente ao Laboratório de Fisiologia da Nutrição. Ela foi regenerada duas vezes em SRM de cisteína e incubada anaerobicamente a 37°C.

1.2.1 Coloração de Gram

A coloração de Gram é a coloração mais utilizada em bacteriologia, permitindo realçar as propriedades da parede bacteriana e utilizá-las para distinguir e classificar as bactérias. Trata-se de uma coloração diferencial que permite classificar as bactérias em dois grupos: as bactérias Gram-positivas fixam o violeta de cristal e aparecem na cor púrpura, e as bactérias Gram-negativas não fixam o violeta de cristal e aparecem na cor rosa (Larpent et larpend, 1990).

1.2.2 Ensaio da catalase

A catalase é uma enzima que catalisa a libertação de água e de moléculas de oxigénio do peróxido de hidrogénio, uma molécula que é tóxica para as bactérias. O teste da catalase fornece uma orientação inicial para a classificação de uma estirpe bacteriana pura. As BAL não contêm catalase. Adiciona-se uma gota de peróxido de hidrogénio (H_2O_2) a 3% (V/V) a uma colónia colocada numa lâmina de vidro. A reação é positiva quando se observa a formação de gás.

1.2.3 Identificação bioquímica por galeria api

Para determinar a espécie, o perfil fermentativo dos glúcidos foi estudado numa galeria API 50 CH e API 20 STRP (Biomerieux).

A galeria 50 CH é constituída por 50 microtubos e a galeria STRP é constituída por 20 microtubos. Ambas permitem o estudo da fermentação de substratos pertencentes à família dos hidratos de carbono e seus derivados (heterósidos, poliálcoois, ácidos urónicos). O inóculo é preparado em meio MRS (sem extrato de carne) e depois distribuído com uma micropipeta estéril nos 50 e 20 tubos das duas galerias. Durante o período de incubação, a fermentação reflecte-se por uma mudança de cor no tubo, devido à produção de ácido anaeróbio revelada pelo indicador de pH (púrpura de bromocresol).

O primeiro microtubo é utilizado como controlo. Os resultados são lidos após 24 h e 48 h de incubação. Os resultados são discutidos de acordo com Carr et *al* (2002).

Estas estirpes foram identificadas bioquimicamente. Uma foi identificada por *PCR* de ADN 16S. As outras estão atualmente a ser identificadas.

1.3 Identificação por PCR de ADN 16S

A estirpe Enterococcus foi identificada utilizando o gene de iniciador específico Enterococcus Ent 1(5'-TACTGACAAACCATTCATGAT-3') e Ent 2(5'AACTTCGTCACCAACGCCAAC- 3') (Ke et *al.*, 1999).

Foram utilizados os iniciadores universais fD1 (5'- AGAGTTTGATCCTGGCTCAG-3') e rD1 (5'- TAAGGAGGTGATCCAGGC-3') (Weisburg et *al.*, 1991) num termociclador de ADN (Techno, Barloworld Scientific, Cambridge, Reino Unido). Foi utilizado tampão de PCR (20 mM Tris-HCl 50 mM KCl, pH 8,4), 1,5 mM MgCl2, 0,2 mM de cada dNTP, 1 U Taq DNA polimerase (Qiagen), 1 mM de cada iniciador e 40 ng de ADN num volume final de 50 µl. A amplificação por PCR foi efectuada nas seguintes condições: desnaturação a 94°C durante 5 min, 35 ciclos de desnaturação a 94°C durante 1 min, a 56°C durante 1 min, 15 extensões de ADN a 72°C durante 1 min. Foi adicionada uma extensão final a 72°C durante 5 minutos. O ADN amplificado foi analisado num gel de agarose a 1% (p/v) com brometo de etídio (0,5 mg/ml) a 0,5 x TAE (Tris-acetato 40 mM, EDTA 1 mM), tampão pH 8,2-8,4, durante 30 min a 100 V e tornado visível por transiluminação UV. A sequenciação do ADN foi efectuada pelo serviço de sequenciação MilleGen (Labège, França).

1.4 Desempenho das culturas bacterianas durante a fermentação do leite

1.4.1 Cinética de acidificação de hidrolisados de leite fermentados por bactérias lácticas a 37°C

O leite de vaca desnatado (UHT) foi inoculado com as bactérias lácticas selecionadas. Foram preparadas várias alíquotas para estudar a cinética de acidificação do leite, avaliando o pH com um medidor de pH (medidor de pH Kika Laboretechnik) durante 300 minutos de fermentação a 37°C.

1.5 Estudo da atividade proteolítica

1.5.1 Teste do leite desnatado UHT

Os diferentes isolados foram reactivados duas vezes misturando 50µl da pré-cultura com 950 µl de leite e incubados durante 48h a 37°C. A mistura foi diluída 1:10 (V/V) em tampão de amostra contendo 4% de dodecil sulfato de sódio (SDS), 3% de 2-mercaptoetanol, 20% de glicerol, 50mM Tris-Hcl, pH 6,8 e aquecida a 100°C durante 3 min, sendo depois analisada por eletroforese (SDS-PAGE).

1.5.2 Atividade proteolítica das bactérias lácticas determinada em caseinatos de sódio e soro de leite desnaturado

Os isolados que apresentaram resultados positivos no leite desnatado UHT foram cultivados em meio Milk-Citrate-Agar (MCA) durante 48 h (Fira et *al.*, 2001) contendo: 4,4% de leite desnatado em pó, 0,8% de Na-citrato, 0,1 de extrato de levedura, 0,5% de glucose e 1,5% de ágar. [+]As células foram recolhidas e ressuspendidas a $OD_{600=10}$ em tampão de fosfato de Na 100mM a pH 6,8. As células foram adicionadas a uma solução de caseinatos de sódio (12mg/mL) e soro de leite desnaturado (85°C/20min) (5mg/mL) e incubadas a 37°C durante 3, 6, 9, 48h. No final do período de incubação, foi efectuada uma centrifugação a 8.000 rpm durante 10 min. O sobrenadante límpido foi recolhido e analisado por SDS-PAGE e HPLC.

1.5.3 Efeito do pH e da temperatura na atividade proteolítica das bactérias do ácido lático

As células bacterianas foram recuperadas de acordo com o protocolo descrito acima e colocadas em tampões de fosfato a pH 5,4 e pH 6,6, depois incubadas a 37°C e 40°C durante 48 horas.

1.5.4 Efeito dos inibidores na atividade proteolítica bacteriana

Para determinar o tipo de protease, as células foram cultivadas em meio MCA. Após 48 h de incubação, as células foram recolhidas e ressuspensas a $OD_{600}=10$ em tampão fosfato pH 7,2. Testámos vários inibidores de proteólise (EDTA: Etileno Diamina Tetra Acético, um inibidor de metalo-proteases, ácido iodoacético para inibir cisteína proteases e PMSF: Fluoreto de fenilmetilsulfonilo, um inibidor de serina proteases). Estes inibidores foram adicionados a suspensões celulares (10 OD_{600}) numa concentração final de 10 mM e incubados durante 1 h a 37°C antes de adicionar o substrato. As amostras foram centrifugadas durante 10 min a 10.000 rpm e as células foram depois misturadas com uma solução de caseinatos de sódio a uma concentração de 12 mg/mL. A incubação foi prolongada até 2 noites. O sobrenadante claro foi recuperado para análise por SDS-PAGE para avaliar a atividade proteolítica.

1.5.5 Eletroforese (SDS-PAGE)

A eletroforese permite visualizar as bandas correspondentes às proteínas e péptidos nativos produzidos durante a fermentação. A eletroforese foi efectuada com um aparelho Mini Protean II Gel Electrophoresis (Bio-Rad, Hercules, CA), segundo o método de Schagger e Von Jagow (1988).

A composição dos géis é apresentada na Tabela 2. Utilizámos padrões de proteínas com pesos moleculares que variam entre 14,4 e 97,4 kDa (Sigma). As amostras de hidrolisado de leite fermentado foram diluídas (v/v) em tampão de amostra (50mM Tris HCl pH 6,8, 4% SDS, 3% 2 β-mercaptoetanol, 10% glicerol e vestígios de azul de bromofenol) e aquecidas a 100°C durante 3 minutos.

Foram colocados 10μl de cada amostra em cada poço do gel de separação. A separação foi efectuada utilizando um campo elétrico de 10mA no gel de concentração e de 20mA no gel de separação.

O tampão de migração utilizado é : TRIS 50 mM, Glicina 0,384M, SDS 0,1%. Após a migração, os géis foram corados com uma mistura de etanol 30%, ácido acético 5%, Coomassie blue R250 0,2% e H_2O 65% durante 1h e depois descolorados (etanol 30%, ácido acético 5%, H_2O qsp 100%) durante 1h.

1.5.6 Cromatografia líquida de alto desempenho em fase inversa (HPLC)

Este método permite uma separação altamente resolutiva de compostos químicos ou biológicos graças a uma pressão elevada (várias dezenas de bar) que elimina os efeitos de difusão observados em condições atmosféricas.

Para identificar o perfil cromatográfico das fracções peptídicas provenientes da hidrólise bacteriana dos caseinatos de sódio e do soro de leite desnaturado, foi efectuada uma análise por cromatografia líquida de fase inversa com um HPLC (Waters 2695, Alliance) numa coluna (WATER Symmetry 300 C18, 2,1 x 150 mm).

A coluna foi equilibrada com o eluente A (0,055% TFA em H_2O). A eluição foi efectuada à temperatura ambiente com um gradiente linear de 0-80% do eluente B (80% CH_3CN, 0,09% TFA em H_2O). Foram injectados 10μl de amostra. A densidade ótica foi medida a 216nm.

Quadro 5: Composição dos géis de eletroforese (12% SDS-PAGE)

Soluções	Gel de concentração (Gel de empilhamento)	Gel de separação (Congelamento principal)
Acrilamida 40%	0,2 ml	1,8 ml
2M Tris pH 8,8		1,00 ml

0,5M Tris pH 6,8	0,3 ml	
Água	2 ml	3,2 ml
10% SDS	25 µl	60 µl
APS 10%	20 µl	60 µl
Temed	4 µl	12 µl

1.5.7 Determinação das proteínas totais no leite fermentado

A concentração de proteínas residuais nos vários hidrolisados de leite fermentado durante 48 horas foi avaliada utilizando um kit, Bc Assay Protein Quantitation Kit, numa microplaca a um comprimento de onda de 540-590 nm utilizando um espetrofotómetro. A concentração foi determinada por referência a uma gama padrão de albumina de soro bovino.

1.6 Separação de fracções de péptidos por cromatografia de adsorção

A fim de obter fracções de péptidos hidrofóbicos dos hidrolisados após 48 horas de incubação a 37°C. Os vários hidrolisados foram diluídos em 1/1 (V/V) com ureia 9M e centrifugados a 10.000 rpm durante 10 minutos a 4°C. O sobrenadante foi então filtrado através de uma coluna (sep-pack TC18 vac cartridge 3cc 37-55 µm Particle Size, 50/pK (WAT036815), constituída por pequenas partículas de sílica e representa a nossa fase sólida. A coluna é colocada num vac elut Manifold ligado a uma bomba com uma pressão máxima de 15 mmHg. Depois de equilibrar a coluna, começámos por eliminar a fração hidrofílica utilizando o tampão A (ácido trifluoroacético (TFA) a 0,03%). A fração hidrofóbica foi eluída com Tampão B (80% acetonitrilo, 1% iso-propanol, 10% Tampão A). Os solventes das fracções recuperadas foram removidos num evaporador Speed Vac (Plus sc110A).

1.7 Determinação da atividade antioxidante das fracções peptídicas de diferentes hidrolisados de leite fermentado

A atividade antioxidante das fracções peptídicas de diferentes leites fermentados foi avaliada pela técnica colorimétrica utilizando Trolox (ácido 6-hidroxi-2, 5, 7, 8-tetra-metilcroman-2-carboxílico, Sigma) (Re et *al*, 1999; Salami et *al*, 2011). [+]Este ensaio baseia-se na capacidade de um antioxidante estabilizar o radical catiónico ABTS (ácido 2,2'-azino-bis-(3-etil-benztiazolina-6-sulfónico) fornecido pela Sigma-Aldrich. [+]O ABTS, inicialmente de cor azul-esverdeada, pode ser transformado em ABTS incolor devido à captura de um protão pelo antioxidante. Foi efectuada uma comparação com a capacidade do Trolox (um análogo estrutural hidrossolúvel da vitamina E) para capturar ABTS+. A diminuição da absorvância causada pelo antioxidante reflecte a capacidade de captura do radical livre. O resultado é dado em µM de equivalente Trolox por g de produto. O ABTS foi utilizado após oxidação de acordo com o seguinte protocolo: 7 mM de ABTS foram adicionados a 2,45 mM de tampão persulfato de potássio, a incubação durou aproximadamente 12 a 16 horas no escuro para induzir a formação do radical ABTS. A solução de ABTS+ é diluída em tampão fosfato 5mM pH 7,4 para obter uma absorvância de 0,7 ±0,2 num comprimento de onda de 734nm. Adicionou-se ABTS+ às fracções peptídicas. A mistura obtida foi incubada a 25°C durante 6 min e a absorvância foi medida a 734nm utilizando um espetrofotómetro de UV Shimadzu 1800. A atividade antioxidante é avaliada com referência a uma curva padrão de Trolox (Capacidade Antioxidante Equivalente de Trolox) correspondente à concentração de Trolox com a mesma atividade que a substância em estudo.

1.8 Ação inibidora das bactérias do ácido lático contra bactérias indicadoras e/ou patogénicas

Os vários isolados foram reactivados depositando 50µl em 950 µl de SRM e incubados a 37°C durante a noite. A atividade antimicrobiana das bactérias utilizadas foi determinada pelo método de difusão em ágar de acordo com Schillinger e Lucke (1989). O teste foi efectuado utilizando culturas bacterianas e o seu sobrenadante obtido após centrifugação a 10.000 rpm a 4°C durante 15 minutos. O pH do sobrenadante foi ajustado para 6,5 com NAOH 1N e depois filtrado com um filtro (filtros Acrodisc, Pall, poliéter sulfona, tamanho do poro 0,22 μm). Como estirpe inibidora, utilizámos *Escherichia coli* ATCC 23355 (American Type + culture collection), previamente reactivada em meio nutriente durante uma noite e, em seguida, adicionada a 20 ml de ágar nutriente (0,8%, p/v). Foram cavados poços no ágar. Colocámos 100 μl de culturas bacterianas e sobrenadantes de um dia para o outro nos poços. A incubação teve lugar a 37°C durante 18 horas. A presença de uma zona clara de inibição com pelo menos 2 mm de diâmetro foi considerada um resultado positivo.

Após a obtenção de um resultado positivo e a fim de determinar a natureza do agente inibidor, tratámos as amostras com catalase e proteinase K em tampão fosfato (0,1M, pH 7,0), em condições ácidas (pH 4,5), depois em condições ácidas e neutralizadas a pH 6,5.

As enzimas foram adicionadas a 200 μl de cultura celular ou sobrenadante a uma concentração final de 0,1 mg/mL. Após 2 h de incubação, a reação foi inactivada a 100°C durante 3 min. As culturas de células não tratadas e o meio MRS com catalase e proteinase K foram utilizados como controlos.

1.9 Crescimento de bactérias do ácido lático em meio MRS a diferentes pH e concentrações de bílis.

1.9.1 Efeito do pH no crescimento bacteriano

As bactérias foram cultivadas durante 3 horas em SRM líquido ajustado para pH 3, 4, 5, 6, 7, 9, 11 e 13 com 1N HCL ou 1M NAOH, a uma taxa de 100 μl de SRM mais 5 μl de cada cultura bacteriana. As culturas foram então colocadas em ágar MRS a pH 6,8 durante 48 horas para contagem bacteriana em placas. A taxa de crescimento em ambas as condições foi avaliada em unidades formadoras de colónias por mililitro (CFU/ml).

1.9.2 Efeito da bílis no crescimento bacteriano

As estirpes foram cultivadas durante 4 horas em SRM líquido contendo 0,2, 0,3, 0,5, 0,6, 1,0, 2,0 e 3,0% de bílis (sigma) a uma taxa de 5 μl de cada cultura bacteriana em 100μl de bílis. As culturas em SRM sem bílis foram utilizadas como controlos. No final desta operação, as bactérias foram cultivadas em ágar SRM pH 6,8 durante 48 h e contadas em placas. A taxa de crescimento em ambas as condições foi avaliada em unidades formadoras de colónias por mililitro (CFU/ml).

1.10 Avaliação da resistência aos antibióticos

A resistência aos antibióticos das estirpes estudadas, *E.faecium*, *E.faecalis* DAPTO 512, *L. paracasei* e *L. plantarum*, foi avaliada pelo método de difusão em disco. [9]As estirpes foram regeneradas em SRM líquido durante 48 h para obter uma concentração bacteriana de 10 ufc/ml. Cada cultura foi colocada numa placa de ágar MRS. Os antibióticos utilizados foram : Penicilina (P), Ampicilina (AM), Cloranfenicol (C), Ciprofloxacina (CIP), Gentamicina (GEN500), Vancomicina (VA), Canamicina (K), Tetraciclina (TE) (pó, Sigma). As concentrações de antibióticos utilizadas variaram de 0,2 a 512 μgZml. O nível de sensibilidade aos antibióticos foi indicado como resistente (R), sensível (SS) ou intermédio (I), de acordo com o limiar de sensibilidade recomendado pelo National Committee for Clinical Laboratory Standards (NCCLS).

2. Avaliação do efeito terapêutico/preventivo dos hidrolisados de leite de vaca fermentados por bactérias lácticas selecionadas

2.1 Avaliação do efeito preventivo

2.1.1 Medição do efeito preventivo dos hidrolisados administrados por via oral na mucosa intestinal de ratinhos Balb/c após sensibilização intraperitoneal a ß-Lg

2.1.1.1Animais e condições de criação

Utilizámos duzentos e dez ratinhos Balb/c fêmeas (n=210) com um peso médio de 18 a 22 g, com 3 a 5 semanas de idade, obtidos no Instituto Pasteur de Argel. Trata-se de ratinhos fêmeas, criados e aclimatados antes de qualquer manipulação no biotério do Laboratório de Fisiologia da Nutrição e Segurança Alimentar em condições de alojamento conformes à regulamentação. As experiências são efectuadas respeitando o bem-estar dos animais, evitando o stress e a agitação. Os animais vivem em gaiolas equipadas com biberões e um bebedouro, recebem água da torneira e são alimentados *ad libitum* com alimentos para roedores obtidos na SARL la Production Locale Bouzareah (Argel).

Os ratos foram divididos em 07 grupos de 10. Os animais receberam hidrolisados orais de leite fermentado pelas diferentes cepas de acordo com o seguinte protocolo:

Os ratinhos receberam 0,2 ml de hidrolisados de leite fermentado por via oral durante 18 dias e, em seguida, foram sensibilizados intraperitonealmente com β-Lg. ^{éme}A sensibilização começou no dia 18.

1. Grupo de controlo negativo: recebe uma solução oral de NaCl 9‰ a uma taxa de 0,2 ml durante toda a experiência.

2. Grupo de controlo positivo: recebe solução oral de NaCl 9‰ à razão de 0,2 ml durante 15 dias e, em seguida, é imunizado com β -Lg por via intraperitoneal.

3. Grupo LF *E. faecium* que recebeu hidrolisados de leite fermentado por *E. faecium* e depois foi sensibilizado intraperitonealmente com β -Lg

4. O grupo LF *E. faecalis* que recebeu hidrolisados de leite fermentados com *E. faecalis* DAPTO 512 foi depois sensibilizado intraperitonealmente com β -Lg

5. O grupo LF *L. paracasei* que recebeu hidrolisados de leite fermentados por *L. paracasei* e depois foi sensibilizado por via intraperitoneal com ß-Lg

6. Grupo LF (*Bifidobacterum longum- L. plantarum*) (Blg-Lp) que recebeu hidrolisados de leite fermentados com (*Blg-Lp*) e depois foi sensibilizado intraperitonealmente com β-Lg

7. Grupo LF (*Streptococcus thermophillus- L. plantarum*) (*Strp-Lp)* que recebeu hidrolisados de leite fermentado com (*Strp-Lp)* e depois foi sensibilizado intraperitonealmente com β-Lg

2.1.1.2 Protocolos de imunização intraperitoneal com (ß-Lg)

Os ratinhos receberam 100 µl de uma solução PBS de pH 7,4 contendo 10 µg de ß-Lg misturado com 2 mg de Al(OH) $_3$. ^{èmeèmeème}As injecções intraperitoneais foram administradas no D0, seguidas de injecções repetidas nas mesmas condições nos dias 14, 21 e 28 do protocolo.

2.1.2 Medição do efeito preventivo dos hidrolisados administrados por via oral na mucosa intestinal de ratinhos Balb/c após sensibilização oral ao leite de vaca

Os ratos foram divididos em 07 grupos de 10. Os animais receberam hidrolisados orais de leite fermentado pelas diferentes cepas de acordo com o seguinte protocolo:

Os ratinhos receberam 0,2 ml de hidrolisados de leite fermentado durante 18 dias e, em seguida, foram sensibilizados por via oral com leite de vaca ao qual foi adicionado 0,03 ml de Maalox. ^{émeèreèmeème} A sensibilização começou após o 18º dia da experiência, todos os dias durante a semana 1, de dois em dois dias durante a semana 2 e de três em três dias durante a semana 3.

1. Grupo de controlo negativo: recebe uma solução oral de NaCl 9‰ a uma taxa de 0,2 ml

durante toda a experiência.

2.   Grupo de controlo positivo: administrado com uma solução oral de NaCl 9‰ a uma taxa de 0,2 ml durante 15 dias e depois sensibilizado oralmente ao leite de vaca.

3.   Grupo LF *E. faecium* que recebeu hidrolisados de leite fermentado por *E. faecium* e depois sensibilizado oralmente ao leite de vaca.

4.   Grupo LF *E. faecalis* que recebeu hidrolisados de leite fermentados por *E. faecalis* DAPTO 512 e depois sensibilizados oralmente ao leite de vaca.

5.   Grupo LF *L. paracasei* que recebeu hidrolisados de leite fermentados por *L. paracasei* e depois sensibilizado oralmente ao leite de vaca.

6.   Grupo LF (*Blg-Lp*) que recebeu hidrolisados de leite fermentado por (*Blg-Lp*) e depois sensibilizado oralmente ao leite de vaca.

7.   Grupo LF (*Strp-Lp)* que recebeu hidrolisados de leite fermentado por (*Strp-Lp*) e depois sensibilizado oralmente ao leite de vaca.

2.2 Avaliação do efeito terapêutico

Os ratos foram divididos em 07 grupos de 10 e foram sensibilizados intraperitonealmente com ß-Lg e depois receberam hidrolisados de leite fermentado.

1.   Grupo de controlo negativo: recebe uma solução oral de NaCl 9‰ a uma taxa de 0,2 ml durante toda a experiência.

2.   Grupo de controlo positivo: imunizado com ß-Lg por via intraperitoneal e administrado oralmente com 0,2 ml de solução de NaCl 9‰ durante 15 dias.

3.   Grupo LF *E. faecium* sensibilizado intraperitonealmente com β-Lg e depois administrado com hidrolisados de leite fermentado de *E. faecium*

4.   Grupo LF *E. faecalis* sensibilizado intraperitonealmente com β-Lg e depois administrado com hidrolisados de leite fermentado com *E. faecalis* DAPTO 512

5.   Grupo LF *L. paracasei* sensibilizado intraperitonealmente com ß-Lg e depois administrado com hidrolisados de leite fermentado de *L. paracasei*

6.   Grupo LF (Blg-Lp) depois sensibilizado intraperitonealmente com β -Lg depois administrado hidrolisado de leite fermentado por (*Blg-Lp*)

7.   Grupo LF (*Strp-Lp*) sensibilizado por via intraperitoneal com β-Lg e depois administrado com hidrolisados de leite fermentado por (*Strp-Lp*).

2.3 Colheita de sangue

Foram recolhidas amostras de sangue no final de cada experiência, antes de os animais serem mortos.

O sangue foi colhido com uma pipeta de Pasteur por punção retro-orbital e centrifugado a 3500 rpm durante 15 minutos a 4°C. Os soros foram aliquotados e armazenados a -20°C para o ensaio de imunoglobulina.

2.4 Avaliar o grau de consciencialização dos animais

2.4.1 Determinação de IgG e IgE anti-B-Lg no soro

A fim de avaliar o grau de sensibilização dos animais em todos os grupos de ratos, a IgG e a IgE anti-B-Lg séricas foram tituladas por um ensaio de imunoabsorção enzimática (ELISA) utilizando um procedimento não competitivo inspirado na técnica de Engvall & Perlmann (1971).

2.4.1.1 Princípio do ELISA colorimétrico indireto

O princípio desta técnica baseia-se num processo em que os anticorpos a medir reagem primeiro com o antigénio imobilizado por adsorção numa fase sólida. Numa segunda fase, a quantidade de anticorpos ligados ao antigénio é medida utilizando um segundo anticorpo (anti-imunoglobulina).

No nosso trabalho, utilizamos placas de microtitulação de poliestireno (NUNC MaxiSorp, poços de fundo plano), que permitem a adsorção da maioria dos antigénios. Uma vez depositado o imuno-soro que contém os anticorpos específicos, a fase sólida é lavada e a presença destes anticorpos é revelada pela adição de um conjugado correspondente aos anti-anticorpos que pode ou não estar acoplado a uma enzima (peroxidase). A última fase é o ensaio da enzima marcadora. Esta fase é essencial, uma vez que o limiar de sensibilidade depende do menor número de moléculas de enzima que podem ser detectadas.

O substrato da peroxidase que utilizamos é o peróxido de hidrogénio (H_2O_2).

Durante a reação enzimática, forma-se um radical O. Para o detetar, adiciona-se à solução um cromogénio, a ortofenileno diamina (OPD).

Como funciona

O ensaio ELISA para a deteção de IgG e IgE anti-BLG específicas é efectuado pela técnica ELISA indireta utilizando placas de fundo plano de 96 poços (NUNC MaxiSorp), de acordo com as seguintes etapas:

> Todos os poços da microplaca recebem 100 µl de antigénio na concentração de 10 µg/ml de ß-Lg, diluído em PBS pH 7,4. As placas são então incubadas durante pelo menos uma noite a +4°C.

> O excesso de antigénio não fixado é removido lavando a placa 3 vezes com PBS-Tween 20 a 0,05%, utilizando uma máquina de lavar automática (Elx50).

> Os locais não específicos foram saturados depositando 200 µl de SAB a 3% em PBS pH 7,4 em todos os poços.

> A placa foi então incubada durante 1 hora a 37°C e lavada 3 vezes consecutivas com agitação, utilizando o tampão de lavagem PBS/Tween 20 a 0,05%.

> [ème] O passo seguinte consiste em diluir as amostras de soro a testar a 1:10 em tampão de diluição (PBS 0,01M/ SAB 1% Tween 20 0,1% pH 7). [-1-7] Para o efeito, efectua-se uma série de diluições de 10 em 10. Adiciona-se então um volume de 100 µl aos poços adequados.

> A placa foi então incubada a 37°C durante 2 horas e lavada 3 vezes consecutivas com agitação, utilizando o tampão de lavagem PBS/Tween 20 a 0,05%.

> [ème] Cada poço da placa recebe então 100 µl de anticorpo de ratinho diluído a 1/20000 em tampão de diluição, dependendo dos anticorpos pretendidos. O anticorpo depositado é anti-IgG ou anti-IgE (Sigma).

> A placa foi então incubada durante 1 hora e 30 minutos a 37°C, seguida de 3 lavagens consecutivas com tampão de lavagem PBS/Tween 20 0,05%.

> [ème] Em seguida, adicionou-se a cada poço 100 µl de extravidina peroxidase (Sigma) diluída 1:5000 em tampão de diluição de pH 7. A placa foi então incubada durante 30 minutos a 37°C.

> Após lavagem com PBS/Tween 20 a 0,05%, foram adicionados a cada poço da placa 200 µl de uma solução contendo um cromogénio [ortofenileno diamina (OPD): 6 mg diluídos em 20 ml de tampão citrato de sódio 0,05M a pH 5,1 e 30 µl de H_2O_2]. Desenvolveu-se uma reação colorida em 30 minutos à temperatura ambiente e ao abrigo da luz. A adição de H_2SO_4 2N interrompeu a reação.

> A intensidade da reação colorimétrica é medida a 492 nm com um leitor (ELx800).

> Foram incluídos controlos positivos e negativos em cada placa para verificar a especificidade e a sensibilidade de cada medição.

Tabela 6: Composição do tampão fosfato salino (1 M), pH=7,4

Solução	Quantidade
Na2HPO4, 2H2O	29 g
KH2PO4	2 g
NaCl	80 g
KCl	2 g
Thymerosal	[1] g
Água ultra pura	1000 ml

Quadro 7: Composição das soluções-tampão ELISA.

Tampões	Produtos
Almofada de captura	NaHCO3 (0,1 M) pH 9,6
Almofada de lavagem	PBS (0,01 M) pH = 7,4 Tween 20 0,05
Tampão de saturação	PBS (0,01 M) pH = 7,4 BSA 3%
Tampão de diluição	PBS (0,01 M) pH = 7,4 BSA 3% Twen 20 0.1

Quadro 8: Composição do tampão citrato pH=4

Solução	Método de preparação
Tampão citrato pH=4	294 mg de citrato + 472 µl de ácido acético + H2O até se atingir pH=4

Quadro 9: Composição da solução de revelação de ortofenileno diamina (OPD).

Solução	Composição
Solução para programadores (OPD)	**60mg OPD + 20 ml de tampão citrato pH=5,1 + 30 µl H2O2.**

2.4.2 Teste de provocação intestinal *ex vivo* em câmara de Ussing

Este teste foi aplicado em grupos de ratinhos sensibilizados intraperitonealmente com β- Lg

2.4.2.1 Princípio da câmara de Ussing

A câmara de Ussing (Schwan, 1968; Li, 2004) também pode ser utilizada para medir parâmetros eléctricos epiteliais, como a corrente de curto-circuito (*Isc*), a diferença de potencial transepitelial em repouso (*DDP)* e a condutância da membrana (*G*). A câmara de Ussing deve o seu nome ao seu criador, H.H. Ussing, que, em 1951, publicou um método para estudar o fluxo de iões $Na+$ através da pele de uma rã e pôde assim determinar o papel desempenhado por este ião no potencial de membrana. O seu método de investigação consistia em anular a diferença de potencial de cada lado da membrana, de modo a eliminar o transporte passivo dos iões e observar apenas o fluxo ativo líquido, imagem da corrente resultante em condições de curto-circuito. Esta técnica foi adaptada ao intestino por Stanley e Zalusky (1964). Desde então, este método foi aplicado a numerosos modelos animais de laboratório e é utilizado para fragmentos de intestino humano retirados aquando de uma cirurgia ou de biópsias intestinais (Saidi *et al.*, 1995). [2]O fragmento de mucosa intestinal pode ser montado de forma plana entre duas meias-câmaras de lucite cuja abertura, que determina a superfície exposta, é adaptada ao tamanho do fragmento a estudar (0,1 a 0,2 cm).

A câmara de Ussing é constituída essencialmente por dois compartimentos separados pelo tecido a estudar. Os dois compartimentos, que contêm uma solução fisiológica (Ringer), servem para isolar as faces luminal e serosa do tecido intestinal, a fim de reproduzir o mais fielmente possível o princípio da barreira selectiva. Os compartimentos são geralmente fabricados em Plexiglas (polimetilmetacrilato), apreciado pela sua transparência e pelo seu comportamento em relação ao tecido biológico. A solução fisiológica é mantida a uma temperatura constante de 37°C e é continuamente oxigenada por borbulhamento de carbogénio (95% O_2 e 5% CO_2). O outro efeito do borbulhamento é a agitação contínua do fluido de sobrevivência. Nestas condições ambientais, a maioria dos tecidos mantém uma viabilidade funcional de mais de 2 horas, facilitando o estudo do transporte ativo e passivo através do tecido.

O próprio princípio da câmara de Ussing é que não deve haver gradiente eletroquímico que permita a passagem de uma determinada solução através do tecido. Esta condição é satisfeita quando ambos os lados do tecido são banhados por soluções com a mesma composição química, temperatura, pH e osmolaridade.

Para além das medições convencionais de permeabilidade, a câmara de Ussing acoplada a pinças pode ser utilizada para verificar o estado da membrana através da medição dos parâmetros eléctricos *Isc*, *Vm* e *G* (condutância). Para estas medições, a câmara de Ussing comporta-se como uma célula eletroquímica com os seus eléctrodos de estimulação e de medição. Os eléctrodos de estimulação são utilizados para impor a corrente na câmara, que anula *Vm*.

2.4.2.2 Montagem de fragmentos de jejuno de rato na câmara de Ussing

Os ratos foram mantidos em jejum durante a noite. Uma vez anestesiados, o abdómen foi aberto e todo o segmento jejunal foi cuidadosamente retirado da cavidade abdominal, sendo o seu conteúdo removido por lavagem várias vezes com Ringer frio. O segmento jejunal é então objeto de uma incisão ao longo do bordo mesentérico. É então cortado em fragmentos, que são conservados em Ringer frio e oxigenados com um fluxo de carbogénio (CO_2: 5%, O_2: 95%).

Dois mililitros de Ringer são depositados nos dois compartimentos da câmara mantida a 37°C e oxigenada por um fluxo contínuo de carbogénio e após 30 minutos de estabilização dos parâmetros electrofisiológicos. No compartimento seroso são depositados 20 µg/ml de ß-Lg. Os vários parâmetros electrofisiológicos foram então medidos inicialmente a cada minuto durante os primeiros cinco minutos, e depois uma vez a cada 5 minutos, durante 15 minutos da experiência. Os compartimentos mucoso e seroso foram ligados a um par de eléctrodos de calomelano através de pontes de ágar (4 g/100 ml de KCl 3M) em ambos os lados do tecido, o que permitiu medir a diferença de potencial espontânea (DP) do tecido (seroso positivo). É possível suprimir esta DP e levá-la a 0 mV, utilizando um sistema de eléctrodos Ag/AgCl ligados a uma fonte de corrente que permita a passagem de uma corrente de baixa intensidade (10 µA) através do tecido. $^{+--3Na+Cl-}$Esta corrente é designada por corrente de curto-circuito (Isc): representa a soma dos fluxos iónicos líquidos, principalmente Na e Cl e um fluxo residual de iões HCO , **Isc = J net + J net + Jr.**

A lei de Ohm (U=RI) pode ser aplicada para determinar a resistência do fluido (Rf) na ausência do tecido e a resistência do tecido (Rt) uma vez colocado na câmara, ou o seu inverso: a condutância G (G=1/R=1/U).

Tabela 10: Composição da solução de Ringer

Na^+	140mM
K^+	5,2 mM

Ca^{++}	1,3 mM
Mg^{++}	1,2 mM
CL-	120mM
HCO3^{-}	25mM
HPO4	2,4 mM
H2PO4	0,4 mM

2.5 Estudo histológico

O objetivo deste estudo era verificar se existiam alterações na estrutura histológica do epitélio intestinal, em particular na arquitetura das vilosidades jejunais dos ratos dos diferentes grupos experimentais, em comparação com o grupo de controlo negativo.

As amostras utilizadas são submetidas a uma série de etapas prévias:

2.5.1 Montagem

Os tecidos são fixados em formalina tamponada a 10%. As soluções de formaldeído são os fixadores mais utilizados.

2.5.2 Desidratação

Após a fixação, os tecidos foram desidratados em 3 banhos sucessivos de acetona, cada um com a duração de 45 minutos.

2.5.3 Esclarecimento

Após a desidratação, as peças são colocadas em 2 banhos de xileno. Cada banho tem a duração de 45 minutos.

2.5.4 Inclusão

A inclusão é efectuada com parafina, que é uma mistura de hidrocarbonetos sólidos com um peso molecular elevado e baixa afinidade. Estas substâncias caracterizam-se pela sua indiferença aos agentes químicos. As amostras são colocadas em dois banhos sucessivos de parafina, durante uma hora cada, a uma temperatura de 56°C, sendo depois vazadas em moldes metálicos. Em seguida, são colocadas cassetes de plástico nos moldes e o volume é completado com parafina, sendo depois colocado no congelador durante 15 minutos para garantir a solidificação.

Após a inclusão em parafina, os blocos que contêm o fragmento são cortados com um micrótomo com uma espessura de 7 μm.

Após a realização das secções, estas são colocadas numa lâmina de vidro coberta com cola (2 g de albumina + 50 ml de glicerina em 1000 ml de água destilada) e, em seguida, colocadas numa placa de aquecimento a uma temperatura adequada, inferior ao ponto de fusão da parafina. Utilizando uma pinça, as dobras de parafina são ligeiramente puxadas para um dos lados e, em seguida, o conjunto lâmina-cortador é retirado da placa, escorrido e espremido com papel Joseph. Antes da coloração, as lâminas são desparafinizadas e re-hidratadas.

2.5.5 Desparafinagem

Para desparafinar as lâminas, basta colocá-las em dois banhos sucessivos de tolueno. Cada banho tem a duração de 10 minutos.

2.5.6 Reidratação

É efectuada em 3 banhos sucessivos de álcool etílico a graus decrescentes (100°, 95°, 90°, 70°). Cada banho tem a duração de 2 minutos; o último é seguido de um enxaguamento em água corrente.

2.5.7 Coloração

As nossas lâminas foram coradas com hemalun-eosina, a mais simples das colorações combinadas. Foram utilizados sucessivamente um corante nuclear "básico", a hemateína, e um corante citoplasmático "ácido", a eosina. O núcleo cora-se de azul-preto e o citoplasma de rosa a vermelho. Preparação da coloração de hematoxilina de Harris (hematoxilina 5g, etanol 50ml, alúmen de potássio 100g, água destilada 1000ml, óxido de mercúrio 2,5g) (Hould, 1984).

Protocolo de coloração

- Colocar as lâminas em hematoxilina de Harris durante 2 a 3 minutos.
- Lavar as lâminas em água normal durante 5 minutos.
- Em caso de coloração excessiva, as lâminas são mergulhadas em álcool clorídrico durante alguns segundos (100 ml de álcool a 95° + 5 gotas de Hcl a 1%).
- lavagem com uma solução aquosa saturada de carbonato de lítio.
- Lavar as lâminas com água normal.
- Colocar as lâminas num banho de álcool etílico durante 1 a 2 minutos.
- Corar as lâminas com eosina alcoólica (2 g de eosina em 100 ml de álcool etílico) durante 5 minutos.
- As lâminas foram lavadas em dois banhos sucessivos de álcool etílico a 70° e 95°.
- Colocar as lâminas em tolueno durante 1 minuto.
- Colocar uma gota de bálsamo do Canadá ou de eukitt entre as lâminas e a lamela, deixar secar e observar ao microscópio de luz.

2.6 Estudo estatístico

Os resultados são apresentados como média ± erro padrão. As médias são comparadas utilizando o teste t de Student. O nível de significância utilizado é o habitualmente considerado, ou seja, 5%.

CAPÍTULO 6

Resultados e discussão

1. Propriedades dos hidrolisados de leite de vaca após fermentação por bactérias lácticas

1.1 Isolamento de bactérias do ácido lático

Foram selecionadas seis estirpes de bactérias do ácido lático para este estudo.

Após exame ao microscópio de luz, as bactérias foram classificadas como 02 bacilos, 03 cocos e 01 bifidobacterium (tabela 11). As bactérias eram gram positivas e catalase negativas e a cepa *de Bifidobacterium* era catalase positiva. Estas observações permitiram-nos classificar os isolados de acordo com o Gram, a morfologia celular e o modo de associação (Joffin et Leyral, 1996).

Os nossos resultados mostram uma predominância de cascas em comparação com bastonetes. Estes resultados estão em consonância com os obtidos por El Soda et *al*, (2003) e El-Baradei et *al*, (2008) e El- Ghaish et *al*, (2011b) em diferentes amostras de produtos lácteos com uma predominância de cascas.

1.2 Identificação bioquímica das bactérias do ácido lático

Após a fermentação dos hidratos de carbono observados na galeria API 50CH e na galeria API strept, foi possível identificar as seguintes espécies: *Lactobacillus paracasei (L. paracasei), Lactobacillus plantarum (Lp), Enterococcus faecium (E. faecium), Enterococcus faecalis (E. faecalis), Streptococcus thermophillus (Strp).*

Estas bactérias do ácido lático foram armazenadas a -20°C em 15% SRM e 30% de glicerol (Merck) para experiências subsequentes. Os microrganismos foram activados em alíquotas estéreis de 05 ml de caldo (SRM) (Merck) a 37°C durante 24 h.

Estas bactérias lácticas foram utilizadas para preparar hidrolisados de leite fermentado.

Tabela 11: Caraterísticas morfológicas das bactérias do ácido lático isoladas do leite de vaca

Caraterísticas	Bactérias do ácido lático				
	1	2	3	4	5
Grama	G+	G+	G+	G+	G+
Morfologia celular	casco	casco	bacilo	bacilo	casco
Catalase	-	-	-	-	-

1.3 Identificação por *PCR* de ADN 16S

As estirpes foram purificadas em meio MRS. A extração de ADN foi efectuada utilizando o kit (Dneasy blood & tissue).

Uma estirpe foi amplificada por 16sDNA. Observou-se um produto de 15000 (pb) no gel de eletroforese em *agarose* (fig.10). Após sequenciação (MilleGen, Labège, França), uma estirpe foi identificada como *Enterococcus faecalis* DAPTO 512. As restantes quatro estirpes estão atualmente a ser identificadas.

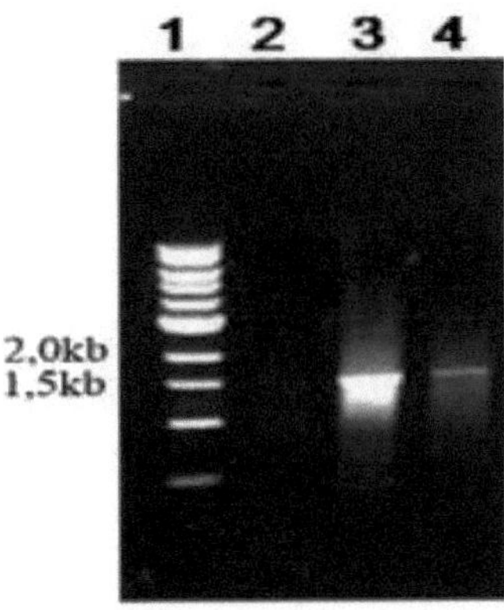

Fig. 10 Produtos de PCR obtidos por amplificação do gene 16S rDNA.

Poço 1. Marcador de peso molecular (GeneRuler™ 1kb DNA Ladder);
Poço 2: controlo negativo (não contém ADN);
Poço 3. controlo positivo ;
Poço 4: fragmento de ADN amplificado.

1.4 Desempenho das culturas bacterianas durante a fermentação do leite 1.4.1 Cinética de acidificação dos hidrolisados de leite fermentados por bactérias lácticas a 37°C

Após a reativação das bactérias selecionadas em alíquotas estéreis de 05 ml de caldo MRS a 37°C durante 24 h, foram inoculadas em leite desnatado UHT e incubadas a 37°C durante 300 min. Foram inoculadas em leite desnatado UHT e incubadas a 37°C durante 300 min.

Os resultados (fig.11) mostram uma diferença entre o pH dos diferentes hidrolisados de leite fermentado em comparação com o leite de controlo após 18h de fermentação. O pH do leite de controlo manteve-se estável durante toda a experiência (6,59±0,83). No entanto, os valores de pH dos diferentes hidrolisados diminuíram significativamente durante a fermentação.

A cinética de acidificação é um bom índice de fermentação, e os nossos resultados mostram que todas as nossas estirpes têm um perfil de fermentação interessante, uma vez que observámos o início da acidificação logo na primeira hora. Este resultado está de acordo com o de Vrancken et *al* (2008). No seu estudo, investigou o crescimento e o consumo de açúcar, a produção de ácido acético e lático e a produção de manitol por *L. fermentum* IMDO 130101, e mostrou que a densidade bacteriana máxima foi obtida entre pH4 e pH7. Este perfil de fermentação foi também observado por Amiot et *al* (2002), que mostra uma acidificação do meio acompanhada de alterações físicas, químicas e organolépticas.

Os nossos resultados também indicam, tal como relatado por El-Ghaish et *al.* (2010), que o leite é um meio favorável para o crescimento de bactérias lácticas.

Após 300 min de fermentação, observamos que o pH mais baixo é obtido em LF *L. paracasei* com um pH de 5,07±0,44, seguido de LF *E. faecalis, LF L. plantarum-B. longum (Lp-Blg), LF Streptococcus thermophillus-Bifidobacterium longum (Strp-Blg) e LF*

E. faecium com valores de pH (5,3±0,40, 5,52±0,43, 5,38±0,44, 5,56±0,31) respetivamente. Tal como indicado por Freitas et *al* (1999), os nossos resultados mostram que o nível de acidificação varia consoante a espécie estudada. De facto, ele mostrou que as estirpes *E.*

faecium e *E. faecalis* degradam a lactose ovina e caprina mais lentamente do que a *L. paracasei*. No mesmo contexto, um estudo realizado em várias estirpes de *E. faecium* e *E. faecalis* sobre o crescimento e o poder acidificante mostrou que a atividade acidificante mais elevada foi observada em *E. faecalis* (Villani e Coppola, 1994; Suzzi et *al.*, 2000).

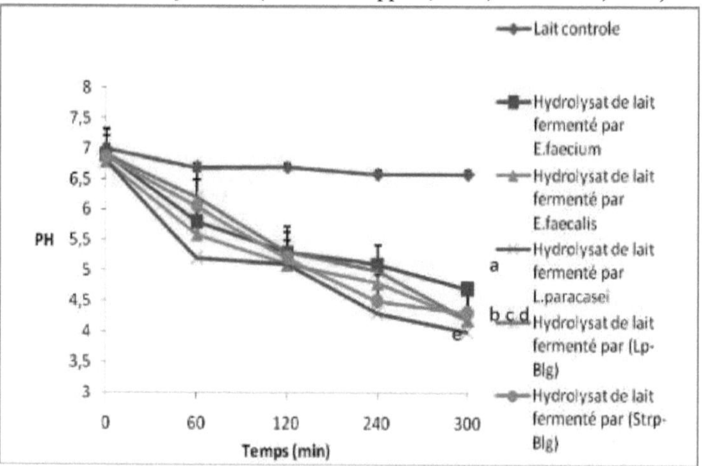

Fig. 11 Cinética de acidificação de hidrolisados de leite fermentados por bactérias de ácido lático a 37°C.

Os valores são apresentados como X±SE (n=3);

Os valores (*p*) representam comparações do pH médio dos diferentes hidrolisados com o leite de controlo.

[abc]p hidrolisado de leite fermentado por (E. *faecium*) *p<0,01; p* hidrolisado de leite fermentado por *Streptococcus thermophillus-B. longum (Strp-Blg) p<0,01; p* hidrolisado de leite fermentado por L. [de]plantarum-Bifidobacterium *longum* (Lp-Blg) *p<0,01; p* hidrolisado de leite fermentado com E. faecalis *p<0,01; p* hidrolisado de leite fermentado com *L. paracasei p<0,001*

1.5 Estudo da atividade proteolítica das bactérias do ácido lático

1.5.1 Teste do leite desnatado UHT

As bactérias do ácido lático foram testadas para determinar a sua atividade proteolítica no leite UHT desnatado após 48h a 37°C . Os vários isolados foram reactivados duas vezes misturando 50µl da pré-cultura com 950 µl de leite UHT, seguido de incubação durante 48h a 37°C, e depois analisados por eletroforese em gel de poliacrilamida (SDS-PAGE).

A análise dos perfis electroféticos (fig.12) mostra que as 3 estirpes têm diferentes graus de poder proteolítico após 48h de incubação. O maior poder de hidrólise foi observado na estirpe *E. faecium*, seguido de *L. paracasei* e *E. faecalis* para as caseínas do leite.

No caso das proteínas do soro de leite, a hidrólise mais acentuada da ß-Lg foi observada na estirpe *E. faecalis*, com a produção de péptidos com MW <14KDA, seguida em menor grau pela *E. faecium*, que tem uma baixa capacidade de hidrólise (fig.12).

Estes resultados estão de acordo com os de (Franz & Hozalpfel, 2003) e (El-Ghaish et *al.* 2010) que mostram que os enterococos são os cocos mais proteolíticos e que esta propriedade confere qualidades sensoriais aos produtos lácteos. Isto explica por que razão a maioria do género enterococcus está presente na indústria agroalimentar egípcia (El-Ghaish et *al*. 2010). El Soda et *al* (2003) confirmaram esta ideia ao afirmarem que as estirpes *E. faecium* e *E. faecalis* são as bactérias mais selecionadas com uma percentagem de 32% e 3%, respetivamente.

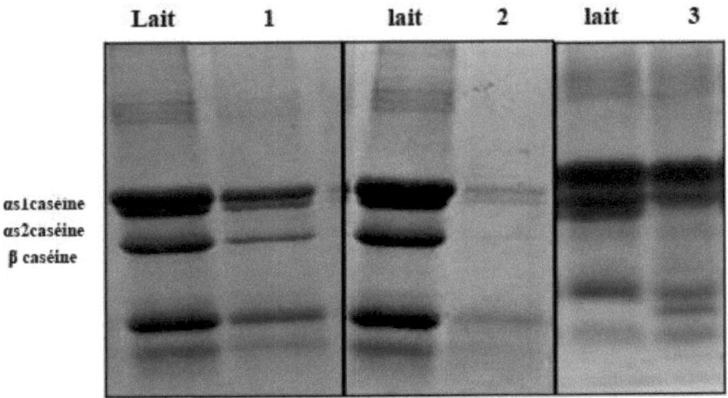

Fig. 12 Perfil electroforético SDS-PAGE dos hidrolisados de leite fermentados por bactérias lácticas após 48h de fermentação a 37°C.
Bem1. Hidrolisado de leite fermentado (LF *L. paracasei*);
Poço 2: Hidrolisado de leite fermentado (LF *E. faecium*) ;
Poço 3: hidrolisado de leite fermentado (LF *E. faecalis DAPTO 512*).

1.5.2 Atividade proteolítica determinada em caseinatos de sódio e soro de leite desnaturado

1.5.2.1 Análise electroforética dos hidrolisados de leite fermentados por duas coculturas
Streptococcus thermophillus- L. plantarum (*Strp-Lp*) e *Bifidobacerium longum-L. plantarum* (*Blg-Lp*).

A atividade proteolítica (fig.13) dos dois hidrolisados de leite fermentados pelas duas culturas mistas mostra que (*Strp-Lp*) hidrolisou caseinatos de sódio, a fração de αs2 e β caseína foi hidrolisada com libertação de péptidos com um peso molecular < 35KDA.

Na cultura mista (*BLg-Lp*), a hidrólise parece afetar apenas a β-caseína, com a libertação de péptidos com um peso molecular < 35KDA. Os nossos resultados mostram que as duas associações que testámos não têm o mesmo perfil proteolítico.

Shihata e shah, (2006), referiram que foi observado um bom crescimento de bifidobactérias quando associadas a um lactobacilo. Altieri et *al*, (2008) acrescentaram que se estabelecem sinergias activas entre bactérias lácticas em culturas mistas. Também foi relatado por (Fernandez-Espla et *al*., 2000; Hols et *al*., 2005; Liu et *al*., 2010, Hafeez et *al*., 2013) que o sistema proteolítico de *S.thermophillus* consiste em proteases extracelulares chamadas PRT, um sistema de transporte de aminoácidos e peptídeos e um conjunto de peptidases intracelulares.

1.5.2.2 Perfil electroforético e análise cromatográfica por HPLC dos caseinatos de sódio hidrolisados por *L. paracasei*
A atividade proteolítica da estirpe *L. paracasei* em caseinatos de sódio foi observada a partir de 3h de incubação; a fração αs1-αs2 e β-caseína foram hidrolisadas e foram libertados péptidos de baixo peso molecular <35 kDA. A proteólise aumentou com o tempo de incubação para atingir um máximo após 48h. Observou-se a hidrólise total da β-caseína com o

desaparecimento das bandas correspondentes aos péptidos resultantes desta hidrólise (Fig. 14A).

O perfil cromatográfico por HPLC (fig.14B) da mesma amostra mostrou que a hidrólise dos caseinatos de sódio após 48h de incubação gerou péptidos, com tempos de retenção entre 19 e 31 minutos do tempo de eluição. Os péptidos foram eluídos num gradiente linear de 40% correspondente à zona hidrofóbica da fase móvel.

Esta capacidade de hidrólise foi também observada por Kunji et *al* (1996) e Sarantinopoulos et *al* (2001). Um estudo efectuado com a estirpe *Lactobacillus fermentum.*

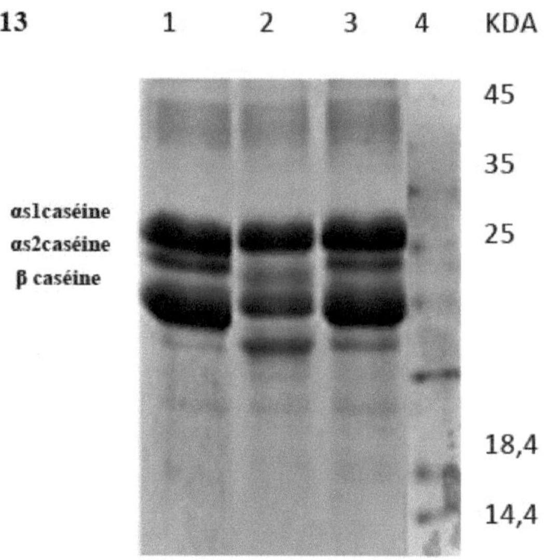

Fig.13 Perfil electroforético SDS-PAGE (12%) dos caseinatos de sódio hidrolisados pelas duas co-culturas *Streptococcus thermophillus-L. plantarum* (Strp-Lp) *e Bifidobacterium longum- L. plantarum* (Blg-Lp) após 48h de incubação a 37°C.

Poço 1. Caseinatos de sódio sem células bacterianas;

Poço 2. Hidrolisados de caseinatos de sódio na presença de (Strp-Lp) em diferentes tempos a 37°C.

Poço 3. Hidrolisados de caseinatos de sódio na presença de (Blg-Lp) em diferentes tempos a 37°C.

Poço 4. kit de péptidos.

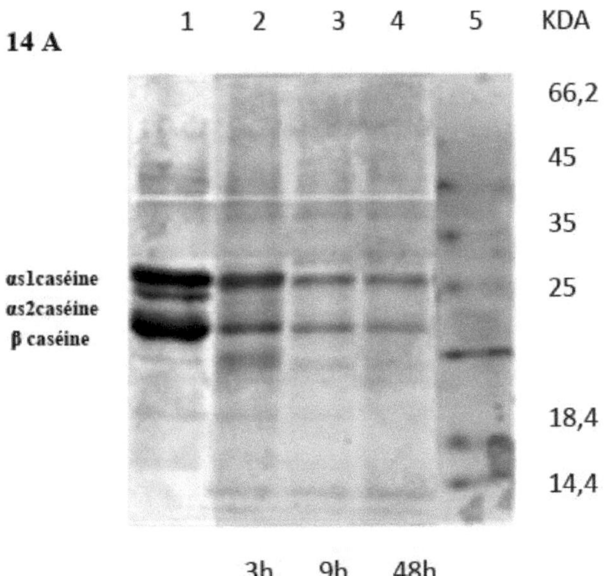

Fig.14 Análise SDS-PAGE (12%) dos hidrolisados de caseinato de sódio obtidos após fermentação por *L. paracasei* a 37°C após 3h, 9h e 48h.
Poço 1. Caseinato de sódio sem células bacterianas;
Poços 2, 3, 4. Hidrolisados de caseinatos de sódio ;
Poço 5. kit de péptidos.

14 B

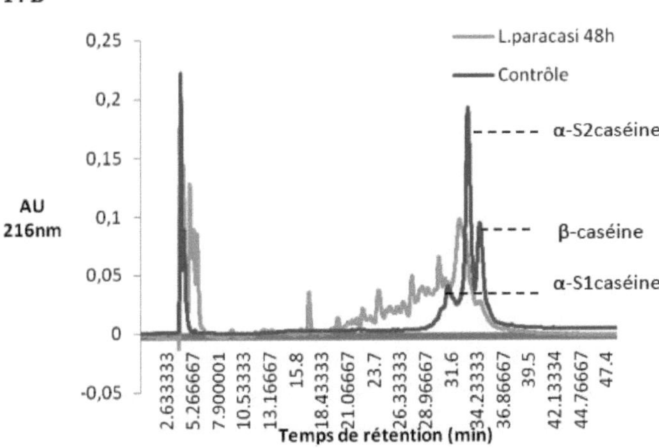

Fig.14 B Perfil cromatográfico HPLC das fracções peptídicas da hidrólise de caseinatos de sódio por *L. paracasei* após 48h.

O tempo de retenção dos produtos de degradação do caseinato de sódio situou-se entre 19 e 31 minutos. O gradiente de eluição situou-se entre 40 e 60%, correspondendo à zona

41

hidrofóbica da fase móvel.

El-Ghaish et *al,* (2010) demonstraram a hidrólise total das caseínas β e K com libertação de péptidos. Um estudo semelhante realizado por Tzvetkova et *al,* (2007) também demonstrou que os lactobacilos isolados de três tipos de iogurte caseiro da região de Balakan hidrolisaram entre 80-90% da β-caseína, com um grau inferior para as fracções α-S1 e a-S2. Estes resultados sugerem que as proteases da estirpe *L. paracasei* podem ser classificadas como do tipo PIII, uma vez que estas proteases têm a capacidade de hidrolisar as fracções αs1 e β da caseína (Kunji et *al.,* 1996; El-Ghaish et *al.* ,2010).

1.5.2.3 Perfil electroforético (SDS-PAGE) e análise cromatográfica por HPLC de caseinatos de sódio e soro de leite desnaturado hidrolisados por *E. faecium*

- *Caseinatos de sódio*

Após 3 h de incubação, observámos uma hidrólise significativa das fracções de a- S2 e β-caseína pela estirpe *E. faecium*, com o aparecimento de péptidos com um peso molecular <35 k DA. Esta hidrólise estava praticamente completa após 48h (fig. 15C). De acordo com (Kunji et *al.,* 1996) as proteases de *E. faecium* podem ser classificadas como do tipo PI. Um estudo efectuado por Arizcum et *al* (1997) demonstrou que os enterococos são as bactérias proteolíticas mais predominantes.

O perfil de HPLC dos caseinatos de sódio (fig. 15D) mostrou que a hidrólise gerou péptidos que eluíram num gradiente linear entre 40% e 60% e apareceram na zona hidrofóbica da fase móvel, com tempos de retenção entre 1932 min.

- *Soro de leite*

Observamos uma ligeira hidrólise de β-Lg, mas a-La não parece ser afetada por *E. faecium* (fig. 16 E).

O perfil da HPLC (fig. 16 F) mostrou que os péptidos resultantes da degradação da β-Lg apareceram na zona hidrofóbica da fase móvel. O seu tempo de retenção situa-se entre 16-22 minutos, correspondendo ao gradiente linear 40%-50%. Estes resultados estão de acordo com os de El-Ghaish et *al,* (2010) que mostram uma baixa atividade proteolítica de enterococcus. Em contraste, as bactérias do ácido lático como *Lactobacillus acidophillus* CRL.636, *Streptococcus thermophillus* CRL.804 e *L.delbruekii spp bulgaricus* CRL 454 hidrolisam a maioria das fracções de soro de leite (21% e 26% de β-Lg e a-La, respetivamente) (Pescuma et *al.,* 2008).

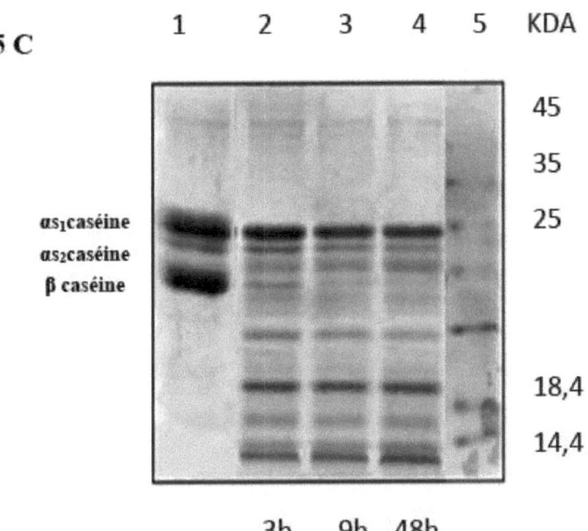

Fig.15 C Análise SDS-PAGE (12%) de caseinatos de sódio hidrolisados por *E. faecium* em diferentes tempos a 37°C.

Poço 1. Caseinatos de sódio sem células bacterianas;

Poços 2, 3, 4. Hidrolisados de caseinatos de sódio na presença de *E. faecium* em diferentes tempos a 37°C;

Poço 5. kit de péptidos.

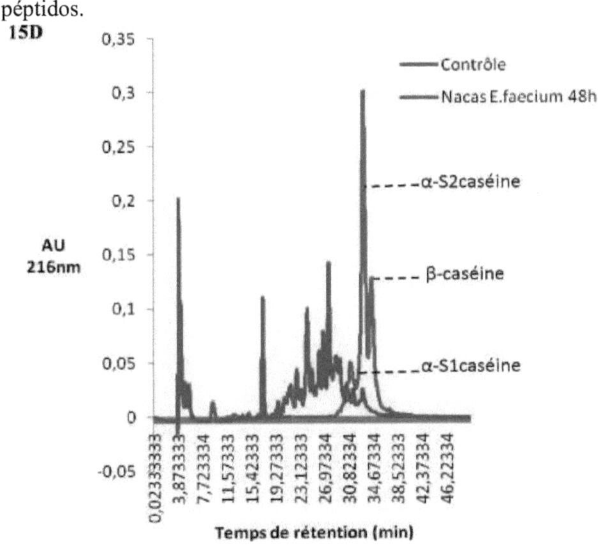

Fig.15 D Perfil cromatográfico por HPLC das fracções de péptidos da hidrólise de caseinatos de sódio por *E. faecium* após 48h.

O tempo de retenção dos produtos de degradação do caseinato de sódio situa-se entre 19 e 32

minutos. O gradiente de eluição entre 40% e 70% corresponde à zona hidrofóbica da fase
móvel.

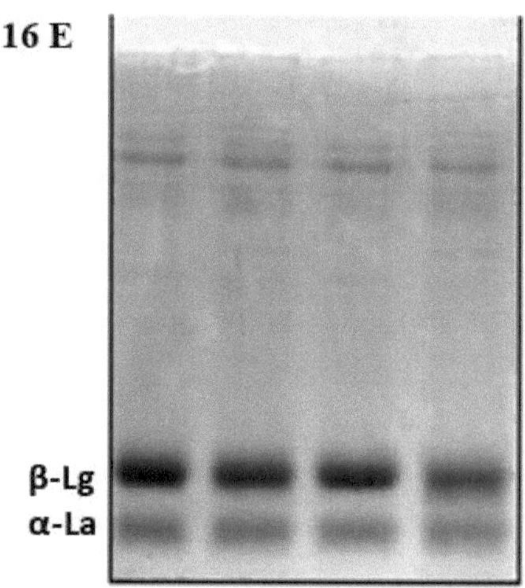

**Fig. 16 Perfil E SDS-PAGE (12%) do soro de leite desnaturado por *E. faecium* após 48h
a 37°C.**
Poço 1. Soro de leite sem células bacterianas;
Poços 2, 3, 4. Hidrolisados de soro de leite desnaturado na presença de E. *faecium* após 48h a
37°C.

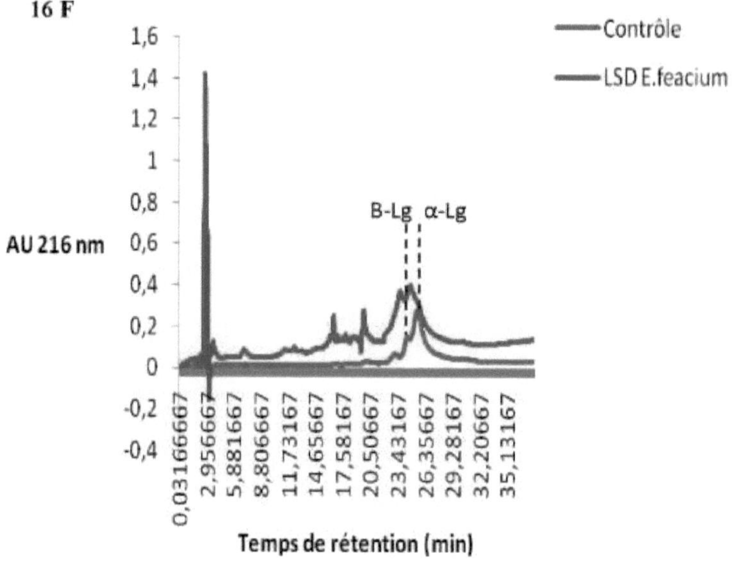

Fig.16 F Perfil cromatográfico por HPLC das fracções peptídicas da hidrólise do soro de leite desnaturado por *E. faecium* após 48h.

O tempo de retenção dos produtos de degradação do soro de leite desnaturado situou-se entre 16 e 22 minutos. O gradiente de eluição situou-se entre 30% e 50%, correspondendo à zona hidrofóbica da fase móvel.

1.5.2.4 Análise por eletroforese SDS-PAGE (12%) e perfil cromatográfico HPLC de caseinatos de sódio e soro de leite desnaturado hidrolisados por *E. Faecalis DAPTO 512*

-Caseinatos de sódio

O perfil electroforético (fig. 17G) mostra que a estirpe DAPTO 512 de *E. faecalis* é menos proteolítica do que as outras estirpes. A hidrólise é menor para caseinatos de sódio. Após 9 h de incubação, apenas a fração de β-caseína foi hidrolisada, com o aparecimento de péptidos com um peso molecular <30 kDA e, após 48 h de incubação, a hidrólise foi mais avançada. De acordo com a classificação de Kunji et *al*, (1996), a protease de *E. faecalis DAPTO 512* pode ser classificada no tipo PI.

O perfil de HPLC (fig. 17H) dos caseinatos de sódio mostrou que a hidrólise dos caseinatos de sódio após 48 h de incubação gerou péptidos hidrofóbicos eluídos num gradiente linear entre 30% e 60% correspondente à zona hidrofóbica da fase móvel. O tempo de retenção destes péptidos situou-se entre 24-30 min.

- Soro de leite

Os nossos resultados mostram que a estirpe DAPTO 512 de *E. faecalis* degrada ß-Lg e não a-La após 48 h de incubação. Esta atividade proteolítica é evidenciada pelo aparecimento de péptidos com um peso molecular <18kDA (fig. 18 I).

O perfil de HPLC (fig. 18 J) do soro de leite mostrou que a hidrólise das proteínas do soro de leite por *E. faecalis* DAPTO 512 gerou péptidos. O tempo de retenção destes péptidos situa-se entre 20 e 30 minutos. Eluíram na zona hidrofóbica da fase móvel entre 30% e 50%. Estes resultados estão de acordo com os de El-Ghaish et *al* (2010). Este demonstrou que uma estirpe de *E. faecalis* hidrolisava apenas a ß-Lg do soro de leite.

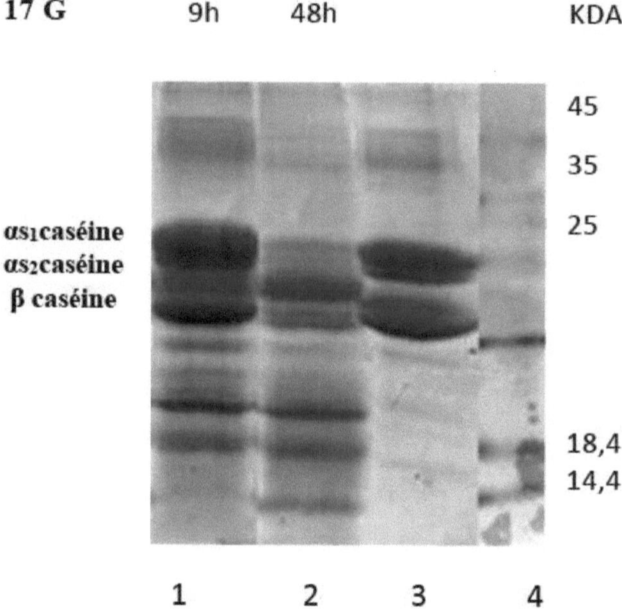

Fig. 17 G Análise electroforética SDS-PAGE (12%) de caseinatos de sódio hidrolisados por *E. Faecalis DAPTO 512* após 9 e 48 h a 37°C.

Poço 1. Hidrolisados de caseinatos de sódio na presença de E. *faecalis* após 9h ;

Poço 2: Hidrolisados de caseinatos de sódio na presença de E. *faecalis* após 48h;

Poço 3: caseinatos de sódio sem células bacterianas ;

Poço 4. kit de péptidos.

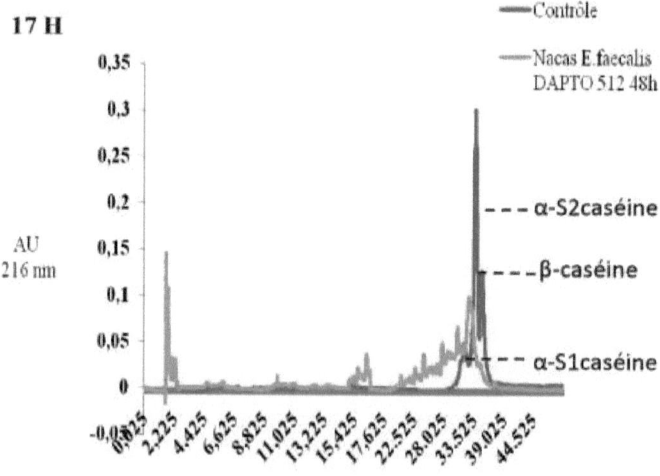

Fig. 17 H Análise cromatográfica por HPLC das fracções peptídicas da hidrólise de

caseinatos de sódio por *E. faecalis DAPTO 512* após 48h.

Os péptidos hidrofóbicos são eluídos num gradiente linear de 30% a 60% da fase móvel; o tempo de retenção destes péptidos situa-se entre 24 e 30 minutos.

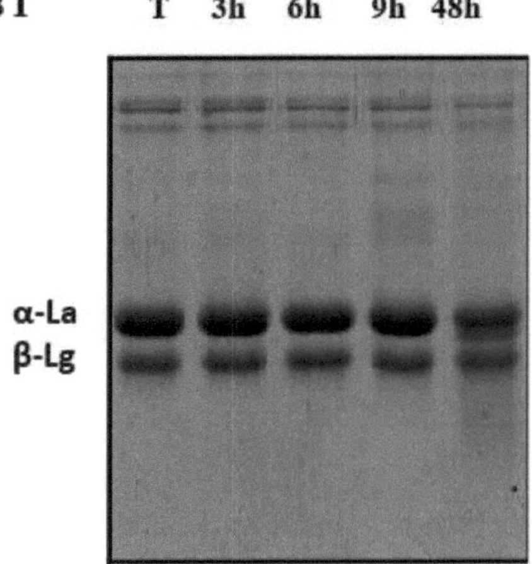

Fig.18 I Análise SDS-PAGE (15%) do soro de leite desnaturado hidrolisado por *E. Faecalis DAPTO 512* em diferentes tempos a 37°C
Poço 1. Soro de leite desnaturado sem células bacterianas;
Poços 2, 3, 4, 5. Hidrólise de soro de leite desnaturado por *E. faecalis DAPTO 512* em diferentes tempos a 37°C.

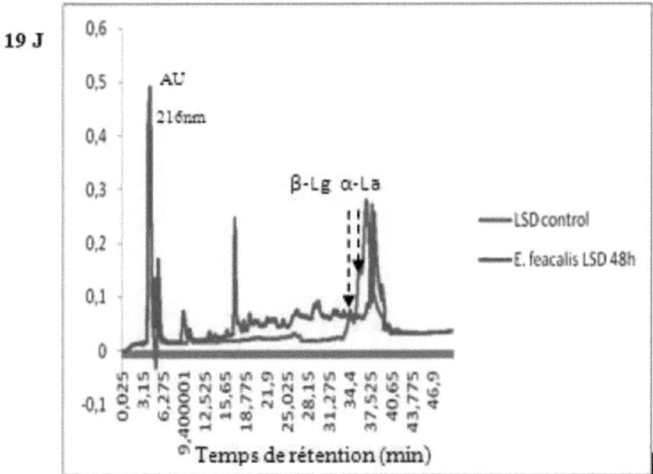

Fig. 19 J Análise cromatográfica por HPLC das fracções de péptidos resultantes da hidrólise de soro de leite desnaturado por *E. faecalis DAPTO 512* após 48h.
Os péptidos hidrofóbicos são eluídos num gradiente linear de 30% a 50% da fase móvel; o

tempo de retenção destes péptidos situa-se entre 17 e 36 minutos.

1.5.3 Efeito do pH e da temperatura na atividade proteolítica das bactérias do ácido lático

Para determinar o efeito da temperatura e do pH na atividade da protease, as estirpes foram cultivadas em meio MCA (Fira et *al.*, 2001). As células recolhidas foram colocadas em tampão fosfato 100mM pH 6,6 e pH 5,4 (10 OD600, V/V). Em seguida, foram misturadas com caseinatos de sódio (12mg/ml). As misturas e o controlo foram incubados durante 48 h a duas temperaturas crescentes: 37°C e 40°C. No final do período de incubação, o sobrenadante foi recolhido para análise electroforética (fig.20).

O perfil electroforético dos caseinatos hidrolisados pela estirpe *E. faecalis* mostra que a atividade proteolítica óptima é obtida a 37°C e a um pH de 6,6.

Em contraste, a análise do perfil electroforético da estirpe de *L. paracasei* indica uma elevada atividade proteolítica a 40°C a um pH de 6,6. Os péptidos de baixo peso molecular são produzidos < 24 KDA e correspondem provavelmente à degradação da α-S2 e da β-caseína.

Para a estirpe *E. faecium,* os nossos resultados mostram uma hidrólise total das três fracções de caseína a pH 6,6 a 37°C e 40°C. No entanto, a hidrólise das β-caseínas e das as2-caseínas é parcial a pH ácido.

No que diz respeito à estirpe *E. faecalis* DAPTO 512, os nossos resultados estão de acordo com os de Fira et *al.* (2001), El-Ghaish et *al.* (2010) e Ahmadova et *al.* (2011), que mostram que a maioria das bactérias lácticas estudadas tinha uma boa atividade proteolítica a pH 6,6 e 37°C. Também foi demonstrado que as condições óptimas para as enzimas proteolíticas foram obtidas numa estirpe de *E. faecalis* a pH neutro (El-Ghaish et *al.*, 2010).

Tanto para a estirpe *L. paracasei* como para a estirpe *E. faecium*, os nossos resultados coincidem com os de Fira et *al.* (2001), que mostraram que a temperatura óptima para a degradação da β-caseína pela estirpe BGRA43 de *L. acidophillus* e pela estirpe BGPF1 de *L. delbruekii* se situava entre 40°C e 45°C. Gardini et *al* (2001) referiram que o pH é um fator-chave que influencia a atividade das descarboxilases de aminoácidos. Koessler et *al* (1928) sugeriram que a formação de aminas por bactérias do ácido lático era um mecanismo fisiológico para reduzir a acidez do ambiente.

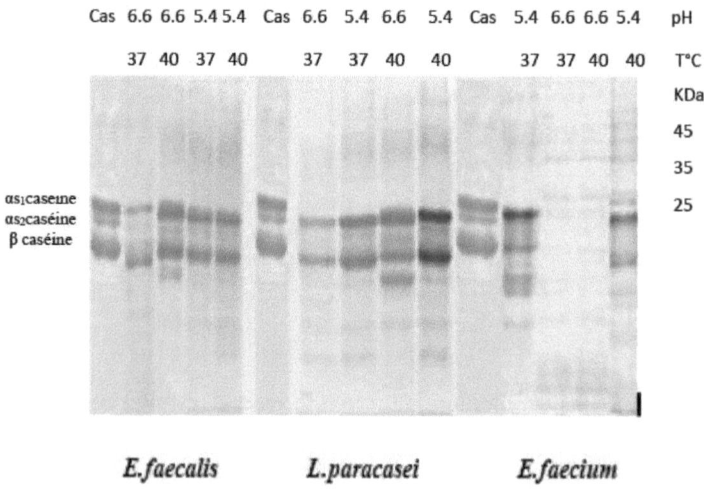

Fig.20 Análise SDS-PAGE (12%) de caseinatos de sódio a pH 5,4, 6,6 e temperaturas 37°C e 40°C.

1.5.4 Efeito dos inibidores na atividade proteolítica

Determinar a natureza das proteases envolvidas na atividade proteolítica das estirpes selecionadas. Neste trabalho foram utilizados inibidores de proteólise.

As estirpes foram novamente cultivadas em meio MCA (Fira et *al.*, 2001). As células recolhidas foram suspensas em tampão fosfato pH 7,2. Foram utilizados vários inibidores de proteólise EDTA: etileno diamina tetra-acetato para inibir as metalo-proteases, ácido iodoacético para inibir as cisteíno-proteases e PMSF para inibir as serino-proteases. Estes inibidores foram adicionados a suspensões celulares (10 od600) a uma concentração final de 10 mM e incubados durante 1 h a 37°C antes de adicionar o substrato. Os inibidores utilizados foram diluídos em tampão fosfato 10 mM pH 7,2 para uma concentração equivalente à dos outros inibidores. As amostras foram centrifugadas (10 min a 10.000 rpm), depois as células foram misturadas com substrato de caseinato de sódio a 12 mg/ml; 1:1, V/V. As misturas e o controlo foram incubados até 2 noites para avaliar a atividade proteolítica contra caseinatos de sódio por SDS-PAGE (12%).

Os resultados mostram (Fig.21) uma diminuição significativa da atividade proteolítica para as estirpes *E. faecium* e *E. faecalis* na presença de EDTA e em comparação com o controlo sem inibidor (sem inibição). No entanto, a adição de ácido iodoacético e PMSF não afectou a função das proteases, indicando que as proteases são metaloproteases. Este resultado está de acordo com o de El-Ghaish et *al*, (2010); Ahmadova et *al*, (2011). A atividade proteolítica de *L. paracasei* não se alterou após a adição de ácido iodoacético. No entanto, foi observada uma ligeira diminuição após a adição do inibidor de metalo-proteases EDTA e uma diminuição significativa na presença do inibidor de serino-proteases PMSF em comparação com o controlo (células sem inibidores). Um estudo efectuado por Tsakalidou et *al* (1999) mostrou que as proteases em *L. delbruekii* são fortemente inibidas pelo PMSF mas ligeiramente inibidas pelo EDTA. Com base neste mesmo conceito, foram propostas várias hipóteses relativas à presença de pelo menos dois tipos de proteinases na superfície celular de certos lactobacilos (Stefanitsi et *al.*, 1995; Gilbert et *al.*, 1997; El-Ghaish et *al.*, 2010; Ahmadova et *al.*, 2011).

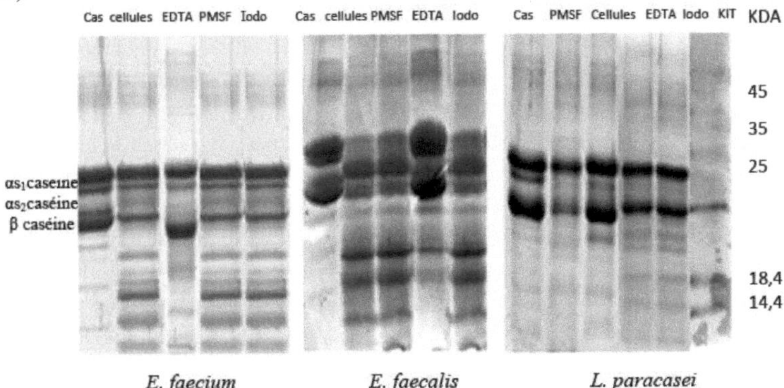

Fig.21 Análise electroforética por SDS-PAGE (12%) de células bacterianas em caseinatos de sódio de *E. faecium* , *E. faecalis DAPTO 512* e *L. paracasei* na presença de EDTA, PMSF e ácido iodoacético, em comparação com caseinatos de sódio sem células ou

caseinatos de sódio com células sem inibidores .

1.6 Determinação da concentração de proteínas nos hidrolisados de leite fermentado

Os resultados mostram uma diminuição da concentração de proteínas nos diferentes hidrolisados de leite fermentado em comparação com a concentração inicial de leite tomada como controlo (fig.22). Todas as estirpes utilizadas degradaram as proteínas do leite em graus variáveis, o que se deve provavelmente ao potencial de crescimento e ao sistema proteolítico. Este resultado está de acordo com os de Kunji et *al*, (1996), que mostram que as bactérias lácticas têm um sistema proteolítico complexo capaz de degradar as caseínas do leite em péptidos e aminoácidos livres para assegurar o seu crescimento no leite. Christensen et *al*, (1999), referem que o crescimento das bactérias lácticas no leite está ligado ao sistema proteolítico, com a libertação de péptidos essencialmente derivados das caseínas e que a conversão destes péptidos em aminoácidos livres faz parte da atividade metabólica das bactérias.

1.7 Determinação da atividade antioxidante das fracções de péptidos hidrofóbicos de diferentes hidrolisados de leite fermentado

[++]Este teste baseia-se na capacidade de um antioxidante estabilizar o radical catiónico ABTS (ácido 2,2'-azino-bis-(3-etil-benzotiazolina-6-sulfónico) (ABTS: Sigma-Aldrich) da coloração azul-verde, transformando-o em ABTS incolor, através da captura de um protão pelo antioxidante. Foi efectuada uma comparação com a capacidade do Trolox (um análogo estrutural hidrossolúvel da vitamina E) para capturar o ABTS+. A diminuição da absorvância provocada pelo antioxidante reflecte a capacidade de captura do radical livre.

A Fig. 23 mostra que a capacidade antioxidante equivalente ao trolox (TEAC) dos diferentes hidrolisados peptídicos é diferente. O valor mais alto de TEAC é observado no hidrolisado *de L. paracasei* com um valor de (19,2 ± 0,07µM) em comparação com as frações hidrofóbicas do leite com (3,75 ± 1,06 µM/g), seguido pelo TEAC das frações de peptídeos do hidrolisado (Strp-Blg) (16 ± 0,1) e *L. plantarum-Bifidobacterium longum* (Blg-Lp) (13 ± 0,08 µM), *E. faecalis* (10,3±1,02 µMg) e o TEAC das fracções de hidrolisado de *E. faecium* com (8 ± 0,1 µMg).

Os nossos resultados estão de acordo com os de numerosos investigadores, uma vez que foi demonstrado que, após a degradação das sequências de proteínas do leite por proteases microbianas ou enzimas vegetais, podem ser libertados péptidos bioactivos (Hayes et *al*., 2007; Korhonen & Pihlanto, 2006). Em 2006, Pihlanto mencionou que certos péptidos derivados das proteínas do leite eram considerados como uma nova classe de antioxidantes.

O TEAC das fracções hidrofóbicas dos hidrolisados de leite fermentado de *L. paracasei* aumentou muito significativamente em comparação com o do leite de vaca. Este resultado está de acordo com o encontrado por Moslehishad et *al*, (2013), que mostrou que os péptidos da fermentação do leite de vaca e do leite de camelo aumentaram significativamente a atividade antioxidante após a hidrólise da caseína α-S1 e da β-caseína. Também foi relatado por Hernández-Ledesma et *al*, (2013) que os hidrolisados de proteína do leite modificaram o dinamismo do muco através de secreções e expressão de numerosas células caliciformes. Autores relataram que Kefir, iogurtes e leites fermentados são produtos lácteos comercializados que podem obter péptidos bioactivos após proteólise e fermentação microbiana (Muri Urista et *al*., 2011) e parece que *Streptococcus thermophillus* é um bom candidato para produzir leites fermentados com propriedades funcionais (Kunji et *al*., 1996;

Christensen et *al.*, 1999; Savijoki et *al.*, 2006, Hafeez et *al.*, 2013).

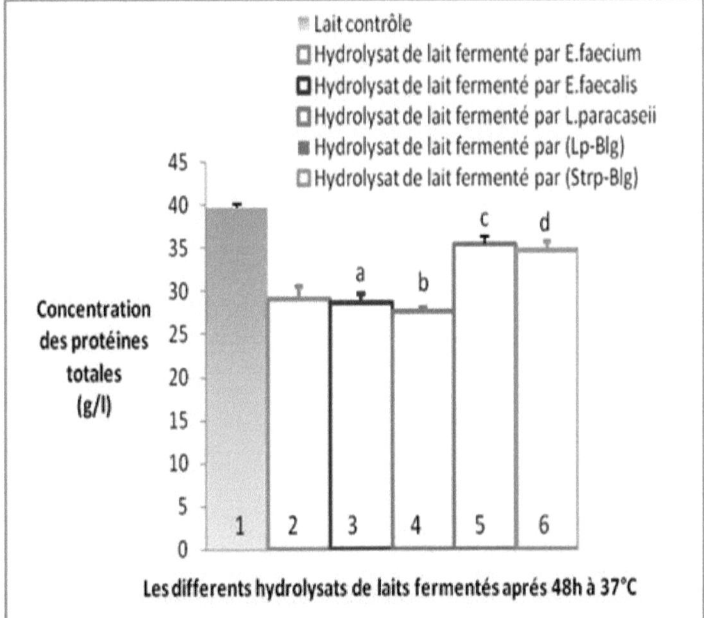

Fig. 22 Concentração de proteínas em (g/l) de hidrolisados de leite fermentado após 48 h de fermentação a 37°C.

1. Leite de controlo; **2.**hidrolisado de leite fermentado por *E. faecium;* **3.**hidrolisado de leite fermentado por *E. faecalis DAPTO 512*; **4.**hidrolisado de leite fermentado por *L. paracasei*; **5.** Hidrolisado de leite fermentado com *L. plantarum-Bifidobacterium longum* (Lp-Blg); **6.** Hidrolisado de leite fermentado por *Streptococcus thermophillus-Bifidobacterium longum* (Strp-Blg).

Os valores (*p*) representam comparações das médias X±SE (n=3), das concentrações proteicas dos hidrolisados com o leite de controlo.

*abcd*p *Hidrolisado de E. faecium* LF *p<0,001. p* Hidrolisado de *E. faecalis* DAPTO 512 *p<0,001. p* Hidrolisado de *L. paracasei p<0,001. p* Hidrolisado (Lp-Blg) *p<0,01. p* Hidrolisado (Strp-Lp) *p<0,01.*

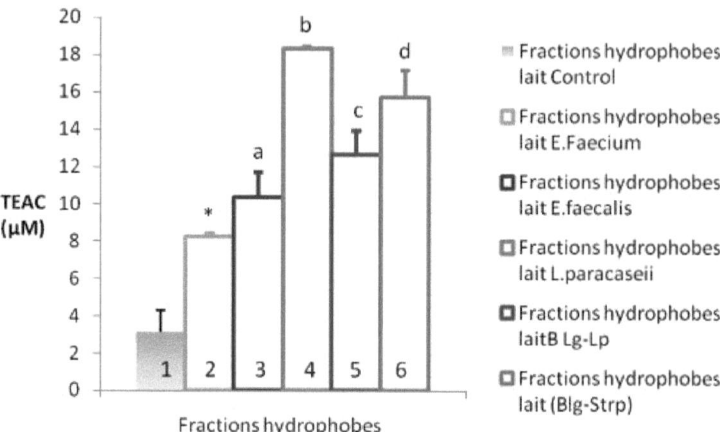

Fracções hidrofóbicas do leite Controlo
    Fracções hidrofóbicas do leite E.Faecium
    Fracções hidrofóbicas Leite de EJaecalis
    Fracções hidrofóbicas do leite L.paracaseii
    Fracções hidrofóbicas laitB Lg-Lp
    Fracções hidrofóbicas do leite (Blg-Strp)

Fig.23 Atividade antioxidante das fracções de péptidos hidrofóbicos de diferentes leites fermentados por bactérias do ácido lático após 48h de incubação a 37°C.

[*a]Os valores são apresentados como X±SE (n=3), p representa a comparação da capacidade antioxidante equivalente ao trolox entre a amostra 2 e a amostra 1 *p<0,01*. p representa a comparação da capacidade antioxidante equivalente ao trolox entre a amostra 3 e a amostra 1 *p<0,001*. [bcd]p representa a comparação da capacidade antioxidante equivalente ao trolox entre a amostra 4 e a amostra 1 *p<0,000*. p representa a comparação da capacidade antioxidante equivalente ao trolox entre a amostra 5 e a amostra 1 *p<0,01*. p representa a comparação da capacidade antioxidante equivalente ao trolox entre a amostra 6 e a amostra 1.

1.8 Ação inibidora das bactérias lácticas contra bactérias indicadoras e/ou patogénicas
- em *Escherichia coli*

A atividade antimicrobiana das bactérias acima referidas foi determinada pelo método de difusão em poço de acordo com Schillinger e Lucke (1989). O teste foi efectuado utilizando culturas bacterianas e os seus sobrenadantes por centrifugação (10000 t, 15min, 4°C), o pH do sobrenadante foi ajustado para 6,5 com 1N NAOH.

Foi observado um resultado positivo para a estirpe *L. paracasei,* tendo sido considerada positiva a presença de halos com um diâmetro de 4 mm (Quadro 12). Não foram observados resultados para *E. faecium* e *E. faecalis*. Esse resultado está de acordo com o encontrado por Sisto et *al.* (2012). Ele relatou que uma estirpe de *lactobacillus paracasei* tinha a capacidade de inibir o crescimento de *Escherichia coli* e *Clostridium* spp. no entanto, não está de acordo com os estudos realizados por De Vuyst e Vandamme, (1994), Batdorj et *al.*(2006), Ben Belgacem et *al.,* (2010), Giraffa, (2003), Yammamto et *al.*,(2003). Estes estudos demonstraram que os Enterococci produzem bacteriocinas denominadas enterocinas, definidas como pequenos péptidos com atividade inibitória contra bactérias Gram-positivas e a capacidade de danificar bactérias patogénicas.

Para determinar a natureza do agente inibidor, as amostras foram tratadas com catalase e proteinase K em tampão fosfato (0,1M, pH 7,0), em condições ácidas (pH 4,5) e neutralizadas.

Duzentos µl da cultura de células ou do seu sobrenadante foram misturados com estas enzimas a uma concentração final de (0,1 mg/ml). Após 2 h de incubação, a reação foi interrompida após aquecimento durante 3 min. Foi então testada uma segunda vez com *E.Coli* (fig.24).

O resultado mostra a presença de halos à volta do poço 1, que representa o crescimento de *L. paracasei* em condições ácidas, e à volta do poço 3, onde se depositou o sobrenadante em condições ácidas. Estas zonas desapareceram em condições de neutralização. O aparecimento destas zonas claras não confirma que estas inibições sejam devidas a uma bacteriocina; podem ser devidas à acidificação do meio. Desmazeaud (1983) debruçou-se sobre este critério. Por esta razão, a cultura bacteriana foi neutralizada para eliminar o efeito da acidez do meio. Após tratamento com proteinase K, a enzima proteolítica, estes dois halos desapareceram, pelo que se pode dizer que o agente ativo é proteico. Este resultado está de acordo com o que foi relatado por dois investigadores, Callewaert e de Vuyst, (2000) e Aslim et *al*, (2005). Isto indica que esta substância não é provavelmente uma bacteriocina, uma vez que foi inibida por uma das enzimas proteolíticas, e a perda de atividade antimicrobiana após o tratamento com enzimas indica a sensibilidade dos compostos activos segregados pela estirpe cultivada. Consequentemente, muitos autores afirmam que a sensibilidade às enzimas proteolíticas é o principal critério na sua caraterização (Icon e Gökalp, 2000; El Shafei et *al.*, 2000; Cintas et *al.*, 2001).

A amostra foi também tratada com a enzima catalase, não tendo sido observada qualquer zona de inibição. Isto confirma a sensibilidade do agente ativo ao peróxido de hidrogénio. Juillard et *al* (1987) referiram que o peróxido de hidrogénio é há muito reconhecido como um importante agente de atividade antimicrobiana.

Tabela 12: Atividade inibitória das estirpes bacterianas contra *Escherichia coli* (E. Coli) ATCC 23355

Estirpes bacterianas		*E.coli*
LParacasei	Cultura	4mm
	Sobrenatural	+/-
E. feacium	Cultura	-
	Sobrenatural	-
Efaecalis	Cultura	-
	Sobrenatural	-

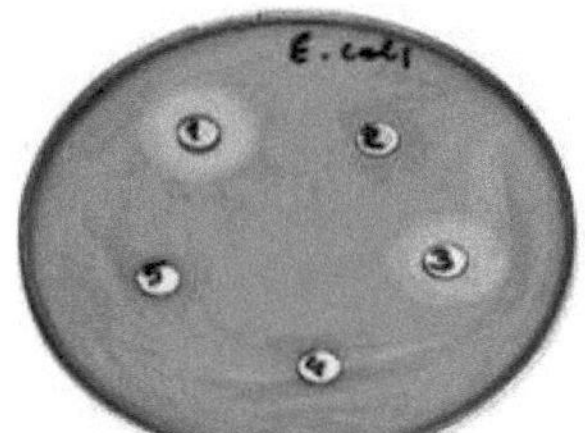
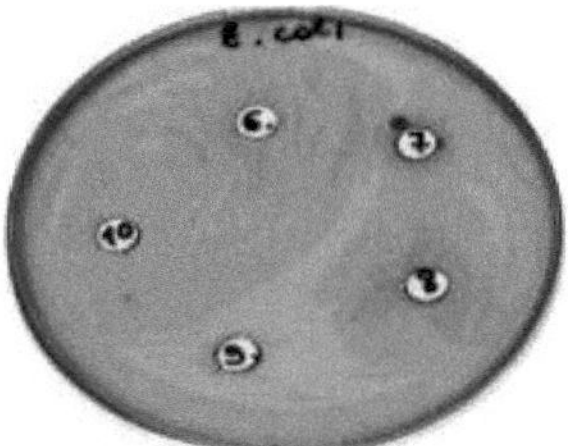

Fig.24 Atividade inibitória da estirpe de *L. paracasei* contra *E.coli*.

1- Cultura bacteriana durante 24 horas em condições ácidas pH 4,5;

2- Cultura bacteriana durante 24 horas em condições ácidas, depois neutralizada a pH 6,5;

3- Sobrenadante de cultura bacteriana de 24 horas em condições ácidas pH 4,5;

4- Sobrenadante de cultura bacteriana de 24 horas em condições ácidas e neutralizado a pH 6,5;

5- Sobrenadante neutralizado + proteinase K;

6- Sobrenadante neutralizado + catalase;

7- Neutralizar o sobrenadante com um pequeno cristal de catalase junto ao poço;

8- 9-10- Controlos negativos (SRM líquido sem cultura, com catalase e com proteinase K).

1.9 Crescimento de bactérias do ácido lático em meio MRS a diferentes pH e concentrações de bílis

A capacidade das bactérias proteolíticas do ácido lático para crescerem a diferentes níveis de pH e em diferentes concentrações de sais biliares foi testada e enumerada para avaliar a concentração bacteriana em CFU/ml.

1.9.1 Efeito do pH no crescimento bacteriano

Após uma noite de incubação a 37°C, foi observado um crescimento bacteriano fraco a ausente para todas as estirpes testadas a pH 3,0 *(< 3 log ufc/ml)*. A pH 6,0, o crescimento médio para as estirpes *E. faecium* e *E. faecalis* variou entre 5 log cfu/ml e 6 log cfu/ml. A pH 7,0, 9,0 e 11,0, o crescimento foi máximo (8 log ufc/ml e 9 log ufc/ml) e diminuiu a pH 13,0 (entre 7 log ufc/ml e 6 log ufc/ml). Não se observou crescimento de nenhuma das estirpes a pH 3,0 e pH 4,0. Estes resultados estão de acordo com os de Giraffa, (2003) relativamente ao pH ótimo dos enterococos.

Para os lactobacilos, entre pH 3,0 e 4,0, observou-se um crescimento médio (entre 5 log e 6 log ufc/ml). Acima deste pH, os dois lactobacilos apresentaram perfis diferentes. O *L. paracasei* apresentou um bom crescimento a pH 5,0, 6,0, 7,0, 9,0 (8 log e 9 log ufc/ml) e a pH 11,0 e 13,0 observou-se uma diminuição significativa. Relativamente ao crescimento de *L. plantarum,* a pH 4,0, 5,0, 6,0, 7,0 a concentração situou-se entre (8 log e 9 log ufc/ml), tendo-se verificado um decréscimo a partir de pH 9,0 (±5 log ufc/ml) até atingir (< 4 log ufc/ml) a pH 11,0 e 13,0. Do mesmo modo, em *L. paracasei* observou-se uma diminuição significativa a pH 11,0 e 13,0 (±5 log ufc/ml). Estes resultados foram semelhantes aos de Sisto et *al,* (2012), que compararam uma estirpe de *L. paracasei* com várias estirpes como *L. plantarum* e *L. fementum* e verificaram, após testes *in-vitro,* que *L. paracasei* era resistente ao sumo gástrico e aos sais biliares. Conway et *al,* (1987); Du Toit et *al,* (1998); Jacobsen et *al,* (1999); Dunne et *al,* (2001); Maragkoudakis et *al,* (2006); Xanthopoulos et *al,* (2000) demonstraram que os lactobacilos de origem alimentar ou animal são capazes de manter a sua viabilidade a níveis de pH entre 2,5 e 4,0.

A estirpe *Streptococcus thermophillus* cresceu bem entre pH 5,0 e 11,0 (±8 log ufc/ml). A pH 13,0, o crescimento abrandou (6 log ufc/ml). Para a estirpe *Bifidobacterium longum* (Blg), observámos um crescimento muito fraco a ausente entre pH 3,0, 4,0 e 5,0 (≤ 10 log a 3 log ufc/ml), com um bom crescimento a pH 7,0 e 9,0 (8 log e 9 log ufc/ml). Estes resultados concordam com os de Zacarias et *al* (2011), que mostraram que a cultura de uma estirpe de *Bifidobacterium animalis subsp. lactis* isolada do leite materno humano podia atingir rapidamente a sua fase estacionária a pH 6,5 (Tabela 13).

1.9.2 Efeito da bílis no crescimento bacteriano

Todas as estirpes de *E. faecalis* e *E. faecium* cresceram bem na presença de diferentes concentrações de bílis, variando de 0,2% a 3% (Quadro 13). Observou-se um bom crescimento de *L. plantarum* e *L. paracasei*, bem como de *Streptococcus thermophillus* a 0,2% e 0,3% de bílis (±8 log cfu/ml). Uma diminuição altamente significativa foi observada a 0,5% de bílis, com concentrações de (<4 log cfu/ml; <6 log cfu/ml; <4 log cfu/ml) respetivamente. Enquanto *a Bifidobacterium longum* sobreviveu apenas a 0,2% de bílis. Noutro estudo de Strahinic et *al*, (2012), foi demonstrado que a viabilidade de *L. helveticus* foi reduzida em três unidades logarítmicas de 0,3% para 0,6% de bílis. Enquanto Argyri et *al*. (2013) testaram lactobacilos em altas concentrações de bílis, a maioria das estirpes conseguiu sobreviver após 3 horas.

1.10 Avaliação da resistência aos antibióticos

Devido aos riscos de transmissão de genes de resistência aos antibióticos nos géneros alimentícios a outras bactérias. É necessário avaliar não só as suas caraterísticas tecnológicas, mas também a segurança das estirpes antes da sua aplicação nos alimentos. Neste estudo, foi investigada a suscetibilidade de diferentes estirpes bacterianas aos antibióticos.

Os nossos resultados (Tabela 14) mostraram que *E. faecalis* DAPTO 512 e *E. faecium* são susceptíveis à ampicilina (Concentração Inibitória Mínima (CIM) < 8Lig/ml), penicilina (CIM < 4µgZml) gentamicina (CIM <500 Lig/ml), tetraciclina (CIM < 4µgZml), vancomicina (CIM < 4µg/ml), ciprofloxacina (CIM < 4µg^l) e cloranfenicol (CIM = 8µg^l).

Tabela 13: Crescimento das diferentes estirpes utilizadas em diferentes condições de bílis e pH

Bactérias do ácido lático	Concentração de bílis % (%)								pH							
	0	0,2	0,3	0,5	0,6	1,0	2,0	3,0	3,0	4,0	5,0	6,0	7,0	9,0	11,0	13,0
E. faecium	++	++	++	++	++	++	++	++	+/-	+/-	-	+	++	++	++	+
E. f(tecalis DAPTO512	++	++	++	++	++	++	++	++	+/-	+/-	-	+	++	++	++	+
L. paracasei	++	++	++	+	-		-	-	+/-	+	++	++	++	++	-	-
Bifidobacterium longum	++	+	-	-	-	-	-	-	-	-	-	+	++	++	+	-
Streptococcus thermophillus	++	++	++	+	-		-	-	-	+/-	++	++	++	++	++	-
L. plantarum	++	++	++	-	-	-	-	-	+/-	+	++	++	++	+	-	-

Tabela 14: Concentrações inibitórias mínimas (CIM) de antibióticos obtidas para as diferentes estirpes

Antibióticos	Suscetibilidade aos antibióticos CIM (µgZml)[-1]					
	L. paracasei	*E. faecalis*	*Efaecium*	*Lplantarum (Lp)*	*Streptococcus thermophillus* (StrP)	*Bifidobactérias Longum (Blg)*
Penicilina (P)	<4	<4	<4	>4	<4	<4
Ampicilina (AM)	<8	<8	<8	<8	<8	<8
Cloranfenicol (C)	= 8	= 8	= 8	= 8	= 8	= 8
Ciprofloxacina (CIP)	<32	<4	<4	<64	<32	<32
Gentamicina (GEN500)	<500	<500	<500	<500	<500	<500
Vancomicina (VA)	<16	<4	<4	<4	<4	<4
Canamicina (K)	ND	ND	ND	ND	ND	=8
Tetraciclina (TE)	<2	<4	<4	<4	<4	<4

Este resultado está de acordo com o de Ben Omar et *al*, (2004) e Veljovic et *al*, (2009), onde observaram que os enterococos nos alimentos eram sensíveis às ß-lactaminas.

A sensibilidade dos Lactobacilos aos antibióticos foi estabelecida de acordo com um limiar de sensibilidade definido da seguinte forma: Ampicilina- 4 µg/ml, Cloranfenicol- 16 µg/ml, Penicilina- 4µg/ml, Tetraciclina -16 µgZml, Ciprofloxacina - 4µgZml, Vancomicina -64 µgZml. Todos eles são resistentes à gentamicina (sem sensibilidade até 500 µgZml). *O L. plantarum* é resistente à ampicilina, enquanto *o L. paracasei* é suscetível (MIC<2µgZml) e sensível a outros antibióticos (MIC é inferior ao limiar de sensibilização).

Resultados semelhantes aos deste trabalho mostraram que os lactobacilos são geralmente sensíveis à ampicilina e ao cloranfenicol (Ammor et *al.*, 2007; Katla et *al.*, 2001). Enquanto Mikelsaar et *al*, (2004) mostraram que 100% das estirpes de *L. plantarum* testadas eram resistentes à vancomicina e 71% delas eram resistentes à ciprofloxacina, Kmet et *al*, (1989) descobriram *que L. acidophillus* e *L. reuteri* eram resistentes à maioria dos antibióticos testados. A utilização de bactérias do ácido lático no fabrico de produtos lácteos aumentou significativamente. Nos últimos anos, foi levantada a questão da resistência aos antibióticos (Ammor et *al.*, 2007). O uso excessivo de antibióticos em humanos e animais criou uma resistência que pode ser transmitida aos alimentos. Foi registada a evolução da resistência microbiana aos antibióticos nos alimentos (Zhao et *al.*, 2006; Rahimi et *al.*, 2010; Gousia et *al.*, 2011). Recentemente, a resistência à vancomicina evoluiu consideravelmente e é a principal causa de infecções nosocomiais. De acordo com a literatura, até à data, muito poucos isolados são resistentes à mesma (Barbosa et *al.,* 2001). *O Streptococcus thermophillus* e *o bifidobacterium longum* são sensíveis a todos os antibióticos, exceto à canamicina e à gentamicina. Masco et *al*, (2006) e Ammor et *al*, (2007) demonstraram que as bifidobactérias são geralmente susceptíveis à vancomicina e aos antibióticos β-lactâmicos e resistentes à canamicina e à gentamicina. Zhou et *al*, (2011) mostraram que uma estirpe de *Streptococcus thermophillus* isolada de iogurte chinês tinha genes de resistência potencialmente transferíveis durante a sua passagem pela cadeia alimentar.

2. Avaliação do efeito terapêutico/preventivo dos hidrolisados de leite de vaca fermentados por bactérias lácticas selecionadas

2.1 Avaliação do efeito preventivo

2.1.1 Medição do efeito preventivo dos hidrolisados administrados por via oral na mucosa intestinal de ratinhos Balb/c após sensibilização intraperitoneal a ß-Lg

2.1.1.1 Ensaio Anti-ß-Lg IgG

[éme]No final da experiência, os anticorpos séricos IgG anti-ßLg foram produzidos num grau altamente significativo *(p<0,001)* no grupo de controlo positivo (1/1000000), enquanto que estavam ausentes no grupo de controlo negativo. Para os outros grupos de ratos que receberam hidrolisados de leite fermentado durante 15 dias antes da sensibilização, foi observada uma baixa produção de IgG anti-ß-lg em graus variáveis (fig.25).

[émeémeémeéme]O título de IgG mais baixo foi detectado no grupo LF *L. paracasei* com um título muito significativo de (1/100), seguido do grupo LF *E. faecium* (1/1000) e do grupo LF *E. faecalis* com um título de (1/1500), *com* os dois grupos LF (Lp-Blg) e LF (Strp-Blg) a ocuparem o último lugar com (1/10000).

2.1.1.2 Ensaio Anti-ß-Lg IgE

Após 35 dias de imunização (D35), o título sérico de IgE anti-ß-lg aumentou de forma altamente significativa *(p<0,001)* no grupo de controlo positivo, ao passo que era indetetável no grupo de controlo negativo. Para os outros grupos de ratos que receberam hidrolisados de leite fermentado durante 15 dias, foi observada uma diminuição na produção de IgE anti-ß-lg em graus variáveis (fig.26).

O título mais significativamente mais baixo foi observado no grupo LF *L. paracasei* em comparação com o controlo positivo, seguido dos grupos LF *E. faecium* e LF *E. faecalis*, respetivamente *p<0,01* e dos grupos LF (Blg-Lp), *p<0,01* e LF (Strp-Blg) *p<0,01*.

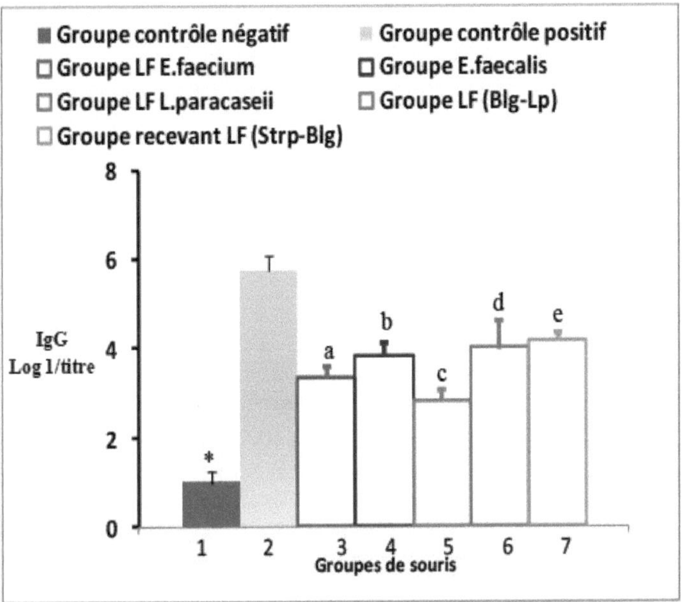

Fig.25 Títulos séricos de IgG anti β-Lg medidos no D35 em ratinhos que receberam hidrolisados por via oral e depois foram sensibilizados intraperitonealmente para β-Lg (n=6).

Grupo 1 - **controlo** negativo; Grupo 2 - **controlo** positivo; Grupo **3** - hidrolisados de leite obtidos por via oral após fermentação por *E. faecium* e depois sensibilizados intraperitonealmente a β-Lg; Grupo **4** - hidrolisados de leite fermentados por E. faecalis e depois sensibilizados intraperitonealmente a β-Lg; Grupo **5** - hidrolisados de leite fermentados por *L. paracasei* e depois sensibilizados intraperitonealmente a β-Lg; Grupo **6** que recebeu hidrolisados de leite fermentados com a combinação (Blg-lp) e depois sensibilizados intraperitonealmente a β-Lg; Grupo **7** que recebeu hidrolisados de leite fermentados com a combinação (Strp-Blg) e depois sensibilizados intraperitonealmente a β-Lg.

Os valores são apresentados como X±SE (n=6),

*[a]***Os valores de** *(p)* representam a comparação dos títulos médios de IgG anti β-Lg dos diferentes grupos com o grupo de controlo positivo, p representa a comparação entre o grupo 1 e o grupo **2** *p<0,0001.* p representa a comparação entre o grupo 3 e o grupo 2 *p<0,01.*[bcde]p representa a comparação entre o grupo 4 e o grupo 2 *p<0,01.* *p* representa a comparação entre o grupo 5 e o grupo 2 *p<0,001.* p representa a comparação entre o grupo 6 e o grupo 2 *p<0,01.* p representa a comparação entre o grupo 7 e o grupo 2 *p<0,01.*

Observamos que os níveis de produção de IgG anti-β-Lg são indetectáveis no D0.

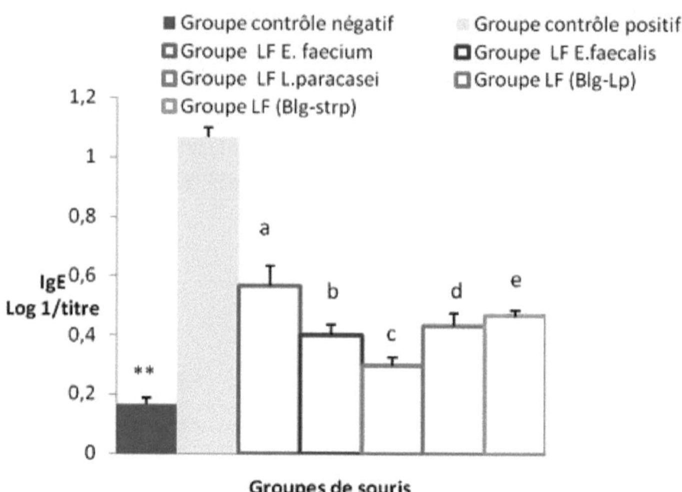

Fig.26 Títulos séricos de IgE anti ß-Lg medidos em D 35 em ratinhos que receberam hidrolisados por via oral e depois foram sensibilizados intraperitonealmente para β-Lg (n=6).

Grupo **1**: controlo negativo; Grupo **2**: controlo positivo; Grupo **3**: hidrolisados orais de leite fermentados por *E. faecium* seguidos de sensibilização intraperitoneal a ß-Lg; Grupo **4**: hidrolisados de leite fermentados por E. faecalis seguidos de sensibilização intraperitoneal a ß-Lg; Grupo **5**: hidrolisados de leite fermentados por *L. paracasei seguidos de* sensibilização intraperitoneal a ß-Lg; Grupo 6: hidrolisados de leite fermentados pela combinação (Blg-strp) seguidos de sensibilização intraperitoneal a ß-Lg. *paracasei* e, em seguida, sensibilização intraperitoneal a ß-Lg; Grupo **6** que recebeu hidrolisados de leite fermentados com a combinação (Blg-strp) e, em seguida, sensibilização intraperitoneal a ß-Lg; Grupo **7** que recebeu hidrolisados de leite fermentados com a combinação (Blg-Lp) e, em seguida, sensibilização intraperitoneal a ß-Lg.

[**,a]**Os** valores são apresentados como X±SE (n=6), **os valores de (*p*)** representam a comparação dos títulos médios de IgE anti ß-Lg dos diferentes grupos com o grupo de controlo positivo, p representa a comparação entre o grupo 1 e o grupo 2 *p<0,001. p* representa a comparação entre o grupo 3 e o grupo 2 *p<0,01.*[bcde]p representa a comparação entre o grupo 4 e o grupo 2 *p<0,01. p* representa a comparação entre o grupo 5 e o grupo 2 *p<0,01. p* representa a comparação entre o grupo 6 e o grupo 2 *p<0,01. p* representa a comparação entre o grupo 7 e o grupo 2 *p<0,01.*

É de notar que os níveis de produção de IgE anti-B-Lg eram indetectáveis no D0.

2.1.1.3 Teste de provocação *in vitro* em câmara de Ussing

O objetivo desta parte do trabalho é avaliar a resposta anafiláctica local em ratos sensibilizados com o alergénio e medir o nível de imunomodulação induzido em animais aos quais foram administrados os diferentes hidrolisados.

2.1.1.4 Efeito da ß-Lg na corrente de curto-circuito (Isc) medida na câmara de Ussing em fragmentos de jejuno de ratinhos aos quais foram administrados hidrolisados de leite fermentado e depois sensibilizados intraperitonealmente com ß-Lg.

Após a montagem de um fragmento de intestino jejunal numa câmara de Ussing e após estimulação com o alergénio ß-Lg a uma concentração de 60 µg/ml no compartimento seroso, medimos a corrente de curto-circuito (Isc). [2]Os nossos resultados mostram que a estimulação com o alergénio provoca um aumento significativo da Isc (Δ Isc = 24µA/cm) no grupo de controlo positivo (Fig.27). [2]No grupo de controlo negativo, Isc é (Δ Isc = 2 µA7cm).

Em geral, a resposta à estimulação com alergénios foi significativamente menor nos grupos que receberam os diferentes leites fermentados do que no controlo positivo. [22]Foi observada uma diminuição da corrente de curto-circuito (Isc) no grupo LF *L. paracasei;* a estimulação com o alergénio resultou num ligeiro aumento da Isc (Δ Isc = 8µAZcm), mas permaneceu significativamente mais baixa do que no grupo de controlo positivo (ΔIsc=24 µA7cm) *p<0,0001*(fig.27).

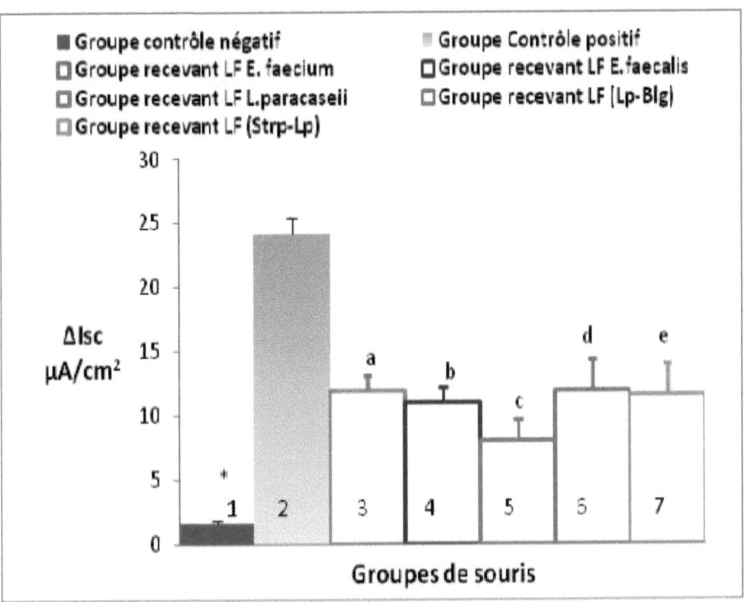

Fig.27 Efeito da ß-Lg na corrente de curto-circuito (Isc) a D 35 medida na câmara de Ussing em fragmentos jejunais de ratinhos que receberam hidrolisados de leite fermentado e depois foram sensibilizados intraperitonealmente com β-Lg (n=6).

Grupo 1: controlo negativo; Grupo 2: controlo positivo; Grupo 3: hidrolisados   de leite orais obtidos após   fermentação   por   *E.*   faeciuissensibilizada por variedade intraperitoneal   a   ß-Lg; Grupo 4 que recebeu LF   E.   faecalisforam sensibilizados por via intraperitoneal intraperitonealmente com ß-Lg; Grupo 5 que recebeu LF *L. paracasei* seguido de sensibilização intraperitoneal   com   ß-Lg; Grupo 6 que recebeu LF (Blg-lp)   e depois foi sensibilizado com ß-Lg   por via intraperitoneal. intraperitoneal   a   ß-Lg; Grupo 7 que recebeu LF   (Strp-Blg) sensibilização   potente através de intraperitoneal a ß-Lg.

Os valores X±SE (n=6) representam a comparação dos valores de Isc dos diferentes grupos sensibilizados intraperitonealmente com ß-Lg e depois com o controlo positivo. [ab]*p representa a comparação da Isc entre o grupo 1 e o grupo 2, *p<0,0001*. *p* representa a comparação da Isc entre o grupo 3 e o grupo 2, p<0,*001*. *p* representa a comparação da Isc entre o grupo 4 e o grupo 2, *p<0,001*. [cde]p representa a comparação da Isc entre o grupo 5 e o grupo 2, *p<0,0001*. *p* representa a comparação da Isc entre o grupo 6 e o grupo 2, *p<0,001*. *p* representa a comparação da Isc entre o grupo 7 e o grupo 2, *p<0,001*.

2.1.1.5 Medição da condutância (G) de fragmentos de jejuno de rato montados em câmaras de Ussing em resposta a estímulos de ß-Lg

A tabela 15 mostra as variações da condutância dos tecidos dos animais em contacto com o alergénio ß-Lg. [22]A condutância dos tecidos estudados após estimulação com o antigénio sensibilizante aumentou significativamente no grupo de controlo positivo, passando de $32,68\pm1,09$ mmho/cm para $43,25\pm1,31$ mmho/cm ($p<0,001$). A condutância do tecido nos grupos de ratos que receberam hidrolisados de leite fermentado foi significativamente mais baixa do que no grupo de controlo positivo. A condutância do grupo de ratos de controlo negativo permaneceu inalterada.

2.1.1.6 Efeito da proteína sensibilizadora (ß-Lg) na corrente de curto-circuito após deposição de Furosemida.

Para determinar no nosso modelo de anafilaxia a natureza dos mecanismos envolvidos no aumento ou estabilidade da atividade secretora do epitélio intestinal na presença de um antigénio sensibilizante, foi utilizado um diurético, a furosemida. Este agente inibe especificamente o sistema de cotransporte Cl/Na/K localizado na membrana basolateral. ¯A furosemida esgota a célula de Cl e, por conseguinte, reduz a secreção de Cl¯

Após a montagem dos fragmentos jejunais dos ratos na câmara de Ussing e a estabilização dos parâmetros electrofisiológicos. [2]Foi aplicada furosemida a uma concentração de 5,10 M no lado seroso. Os tecidos foram então estimulados com o antigénio sensibilizante.

Os nossos resultados mostram que os tecidos do grupo de controlo positivo, quando previamente incubados com furosemida, o antigénio sensibilizante não estimula a corrente de curto-circuito. Os mesmos resultados foram observados nos grupos de ratinhos que receberam os hidrolisados (fig. 28). Isto indica que a secreção observada nas condições experimentais é de facto uma secreção de cloro.

Para verificar a viabilidade dos tecidos no final da experiência, testámos o efeito da glicose a uma concentração final de 50 mM nos compartimentos mucoso e seroso dos tecidos. Os nossos resultados mostram que a glucose estimula a corrente de curto-circuito correspondente à corrente de sódio estimulada pelo mecanismo de simporte sódio/glucose.

Tabela 15: A condutância (G) de fragmentos jejunais de ratinhos que receberam hidrolisados de leite fermentado e depois foram sensibilizados intraperitonealmente para β-Lg montados em câmaras de Ussing em resposta à estimulação de β-Lg (60μg/ml).

	G (mmho/cm²		
Antes de depósito		P-Lg (60 μg7ml)	Depois de depósito
Grupo de controlo negativo	$26,40 \pm 1,02$	$27,10 \pm 2,1$*	
Grupo de controlo positivo	$32,68 \pm 1,09$		$43,25 \pm 1,31$
Grupo que recebeu LF *Efaecium*	$27,56 \pm 1,59$		$31,05 \pm 1,96$ [a]
Grupo que recebe LF *Efaecalis DAPTO 512*	$28,27\pm 02,2$	$30,12 \pm 2,06$ [b]	
Grupo que recebe	$24,07\pm 2,13$	$28,43 \pm 1,5$ [c]	

L. paracasei		
Grupo que recebe LF (Blg-Lp)	24,08 ± 1,2	29,32 ± 2,29[d]
Grupo que recebe LF (Strp-Blg)	25,23 ± 2,72	30,09 ± 2,64[e]

Os valores são apresentados como X±SE (n=6),

Os valores (*p*) representam a comparação da condutância (G) em D 35 dos grupos que receberam hidrolisados e depois foram sensibilizados intraperitonealmente para β-Lg com o grupo de controlo positivo.

**p* representa a comparação entre o grupo de controlo negativo e o grupo de controlo positivo *p<0001*;

[a]*p* representa a comparação entre o grupo que recebeu LF *E. faecium* e o grupo de controlo positivo *p<0,01*;

[b]*p* representa a comparação entre o grupo que recebeu LF *E. faecalis* e o grupo de controlo positivo *p<0,01*;

[c]*p* representa a comparação entre o grupo que recebeu LF *L. paracasei* e o grupo de controlo positivo *p<0,01*;

[d]*p* representa a comparação entre o grupo que recebeu LF *(Blg-Lp)* e o grupo de controlo positivo;

[e]*p* representa a comparação entre o grupo que recebeu LF (Strp-Blg) e o grupo de controlo positivo.

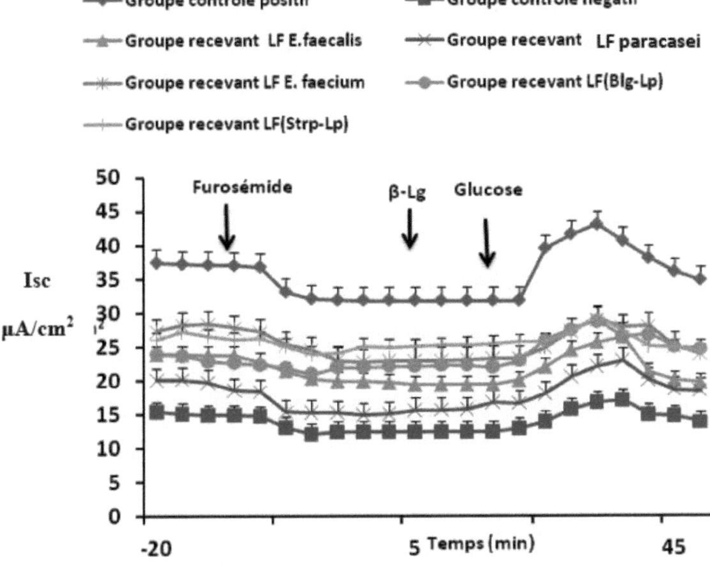

Fig.28 Efeito da proteína sensibilizante (ß-Lg) na corrente de curto-circuito após a deposição de furosemida medida numa câmara de Ussing em fragmentos jejunais de ratinhos que receberam hidrolisados de leite fermentados por bactérias lácticas e depois sensibilizados intraperitonealmente com ß-Lg (n=6).

2.1.1.7 Efeito não específico da ovalbumina na corrente de curto-circuito medida na câmara de Ussing

Para demonstrar que o aumento da Isc dos fragmentos de ratinhos sensibilizados é específico da proteína sensibilizadora, foi testada a ovalbumina no compartimento seroso (60µg/ml) nas mesmas condições experimentais.

Durante todo o período de incubação com ovalbumina (10 min de experiência), não foi registada qualquer variação na condutância (fig.29).

2.1.2 Medição do efeito preventivo dos hidrolisados na mucosa intestinal de ratinhos Balb/c após sensibilização oral ao leite de vaca

2.1.2.1 Ensaio Anti-ß-Lg IgG

[éme]Os resultados mostram (fig.30) que o grupo de controlo positivo produziu uma quantidade altamente significativa de IgG (1/1000000), enquanto que no controlo negativo não se verificou. Os títulos séricos de IgG anti-ß-Lg foram reduzidos em todos os grupos de ratos alimentados com hidrolisados de leite fermentado. [éme]O título mais significativamente mais baixo foi obtido no grupo LF *paracasei* (1/100) *p<001,* seguido pelos outros grupos *p<0,01.*

2.1.2.2 Ensaio Anti-ß-Lg IgE

A Fig. 31 mostra que o grupo de controlo positivo produziu níveis altamente significativos de anticorpos IgE séricos anti-β-Lg ($p<0,001$), enquanto que estes estavam ausentes no grupo de controlo negativo. O título de IgE sérica contra ß-Lg foi mais baixo em todos os grupos que receberam hidrolisados de leite em comparação com o controlo positivo *(p<0,01).*

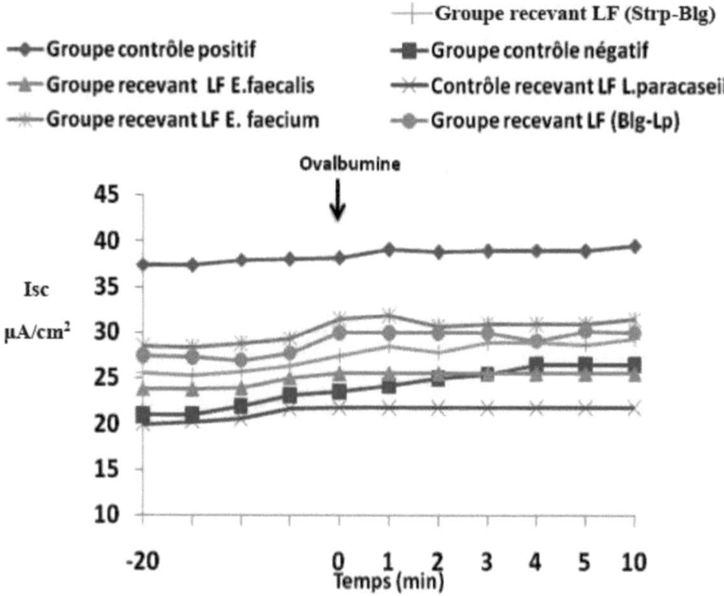

Fig.29 Efeito não específico da ovalbumina na corrente de curto-circuito medida na câmara de Ussing em fragmentos jejunais de ratinhos a quem foram administrados hidrolisados de leite fermentado e depois sensibilizados intraperitonealmente com β-Lg.

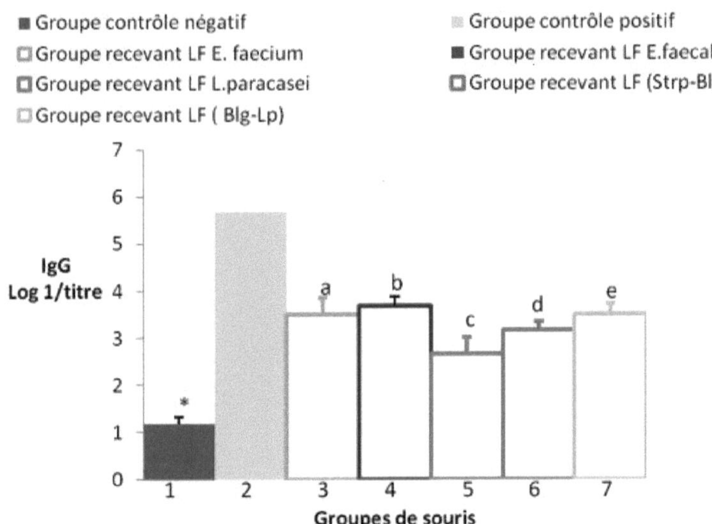

Fig. 30 Títulos séricos de IgG anti ß-Lg em ratinhos no D 35 que receberam estes hidrolisados por via oral e depois foram sensibilizados por via oral com leite de vaca

Grupo **1** - controlo negativo; Grupo **2** - controlo positivo; Grupo **3** - que recebeu um hidrolisado de leite fermentado por *E. faecium* por via oral e depois sensibilizado por via oral ao leite de vaca; Grupo **4** - sensibilizado que recebeu um hidrolisado de leite fermentado por *E. faecalis* DAPTO 512 e depois sensibilizado por via oral ao leite de vaca; Grupo **5** - sensibilizado que recebeu um hidrolisado de leite fermentado por *L. paracasei* e depois sensibilizado ao leite de vaca por via oral; Grupo **6** sensibilizado a receber um hidrolisado de leite fermentado (Blg-Lp) por via oral e depois sensibilizado ao leite de vaca por via oral; Grupo **7** sensibilizado a receber um hidrolisado de leite fermentado (Strp-Blg) por via oral e depois sensibilizado ao leite de vaca por via oral.

*__Os__ valores são apresentados como X±SE (n=6), **os valores de p** representam a comparação dos títulos séricos de IgG anti ß-Lg nos grupos de ratinhos que receberam hidrolisados de leites fermentados e depois foram sensibilizados oralmente ao leite de vaca com o grupo de controlo positivo. p representa a comparação entre o grupo 1 e o grupo 2 *p<0,0001.* [abcde]p representa a comparação entre o grupo 3 e o grupo 2 *p<0,01.* p representa a comparação entre o grupo 4 e o grupo 2 *p<0,01.* p representa a comparação entre o grupo 5 e o grupo 2 *p<0,001.* p representa a comparação entre o grupo 6 e o grupo 2 *p<0,01.* p representa a comparação entre o grupo 7 e o grupo 2 *p<0,01.*

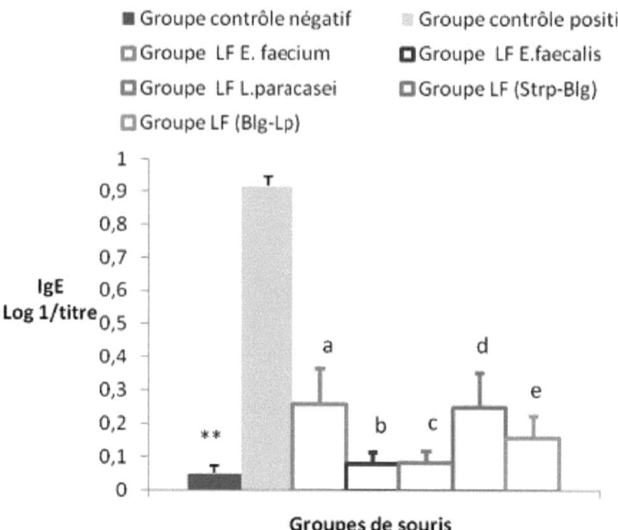

Fig.31 Títulos séricos de IgE anti ß-Lg em ratinhos no D 35 que receberam hidrolisados por via oral e depois foram sensibilizados por via oral ao leite de vaca.

Grupo **1**: controlo negativo; Grupo **2**: controlo positivo; Grupo **3**: hidrolisado oral de leite fermentado de *E. faecium* seguido de sensibilização oral ao leite de vaca; Grupo **4**: hidrolisado oral de leite fermentado de *E. faecalis* DAPTO 512 seguido de sensibilização oral ao leite de vaca; Grupo **5**: hidrolisado oral de leite fermentado de *L. paracasei* seguido de sensibilização oral ao leite de vaca; Grupo **6**: hidrolisado oral de leite fermentado (Blg-strp) seguido de sensibilização oral ao leite de vaca. Grupo **5** que recebeu um hidrolisado de leite fermentado (Blg-strp) por via oral e, em seguida, sensibilizado por via oral ao leite de vaca; Grupo 6 que recebeu um hidrolisado de leite fermentado (Blg-strp) por via oral e, em seguida, sensibilizado por via oral ao leite de vaca; Grupo **7** que recebeu um hidrolisado de leite fermentado (Blg-Lp) por via oral e, em seguida, sensibilizado por via oral ao leite de vaca.

Os valores são apresentados como X±SE (n=6). [**,a]**Os valores (*p*)** representam a comparação dos títulos séricos de IgE anti ß-Lg no D 35 em grupos de ratinhos que receberam hidrolisados de leites fermentados e depois foram sensibilizados oralmente ao leite de vaca com o grupo de controlo positivo. p representa a comparação entre o grupo 1 e o grupo 2 *p<0,001* p representa a comparação entre o grupo 3 e o grupo 2 *p<0,01*.[bcde]p representa a comparação entre o grupo 4 e o grupo 2 *p<0,01*. p representa a comparação entre o grupo 5 e o grupo 2 *p<0,01*. p representa a comparação entre o grupo 6 e o grupo 2 *p<0,01*. p representa a comparação entre o grupo 7 e o grupo 2 *p<0,01*.

É de notar que os níveis de produção de IgE anti-B-Lg eram indetectáveis no D0.

2.2 Avaliação do efeito terapêutico dos hidrolisados de leite fermentado após sensibilização intraperitoneal à ß-Lg

2.2.1 Ensaio Anti-ß-Lg IgG

[éme]Os resultados (fig. 32) mostram que, no grupo de controlo positivo, a IgG sérica anti-ß-Lg é produzida de forma altamente significativa (1/100000) (*p<0,0001*).

Em geral, observámos uma resposta fraca na produção de IgG no soro em todos os grupos que receberam os hidrolisados. ^{éme}O nível mais baixo foi observado no grupo que recebeu hidrolisados de leite de LF *L. paracasei* com um título altamente significativo de (1/100) *(p<0,0001)* seguido pelo grupo que recebeu hidrolisado de LF *E.* ^{émeémeémeéme}*faecium* (1/1000) e LF *E. faecalis* (1/1000) *(p<0,01)*, para terminar com os dois grupos que receberam LF (Blg-Lp) (1/10000) *(p<0,01)* e (Strp-Blg) (1/10000) *(p<0,01)*.

2.2.2 Ensaio IgE anti-ß-Lg

Os títulos séricos de IgE anti-ßLg no grupo de controlo positivo foram produzidos com um elevado grau de significância ($p<0,001$) (fig.33). Foi observada uma diminuição nos animais que receberam os hidrolisados. O título mais baixo foi observado no grupo LF *L. paracasei* *(p<0,01)* em comparação com o controlo positivo. Seguiram-se os grupos LF *E. faecium* *(p<0,01)*, LF *E. faecalis (p<0,01)*, *LF (Blg-Lp) (p<0,01) e LF (Strp-Blg) (p<0,01)*.

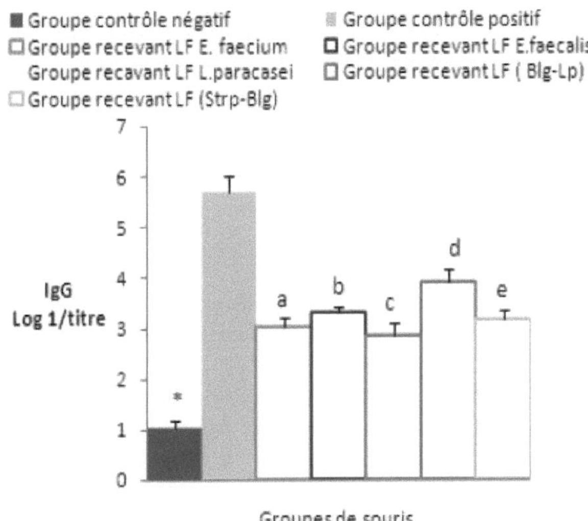

Fig. 32 Títulos séricos de IgG anti ß-Lg em ratinhos em D 35 sensibilizados intraperitonealmente com ß-Lg.

Grupo **1**: controlo negativo; Grupo **2**: controlo positivo; Grupo **3**: sensibilização intraperitoneal à ß-Lg seguida da administração oral de hidrolisados de leite obtidos após fermentação por *E. faecium*; Grupo **4**: sensibilização intraperitoneal à ß-Lg seguida da administração oral de hidrolisados de leite fermentados por E. faecalis; Grupo **5**: sensibilização intraperitoneal à ß-Lg seguida da administração oral de hidrolisados de leite fermentados por *L. paracasei*; Grupo 6: sensibilização intraperitoneal à ß-Lg seguida da administração oral de hidrolisados de leite fermentados pela combinação (Blg-lp). *L. paracasei* por via oral; Grupo **6** sensibilizado intraperitonealmente à ß-Lg e, em seguida, administrado por via oral hidrolisados de leite fermentados com a combinação (Blg-lp); Grupo **7** sensibilizado intraperitonealmente à ß-Lg e, em seguida, administrado por via oral hidrolisados de leite fermentados com a combinação (Strp-Blg).

Os valores são apresentados como X±SE (n=6)

Os valores (p) representam a comparação do título de IgG sérica no D35 entre grupos de ratinhos sensibilizados intraperitonealmente com ß-Lg e que receberam hidrolisados de leite *.

^{ab}fermentado com o grupo de controlo positivo .(*p)* representa a comparação entre o grupo **1** e o grupo **2** *p<0,0001. p* representa a comparação entre o grupo 3 e o grupo 2 *p<0,01. p* representa a comparação entre o grupo 4 e o grupo **2** *p<0,01.* ^{cde}p representa a comparação entre o grupo **5** e o grupo **2** *p<0,001. p* representa a comparação entre o grupo **6** e o grupo 2 *p<0,01. p* representa a comparação entre o grupo 7 e o grupo 2 *p<0,01.*

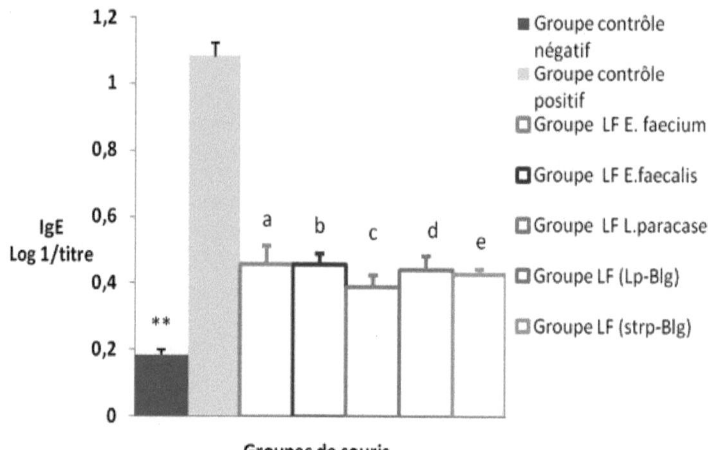

Fig. 33 Títulos de IgE sérica anti-ß-Lg em ratinhos no D35 sensibilizados intraperitonealmente com ß-Lg e depois administrados oralmente com hidrolisados de leite fermentado.

Grupo **1**: controlo negativo; Grupo **2**: controlo positivo; Grupo **3**: sensibilização intraperitoneal a ß-Lg e administração oral de um hidrolisado de leite fermentado por *E. faecium*; Grupo **4**: sensibilização intraperitoneal a β-Lg e administração oral de um hidrolisado de leite fermentado por E. faecalis; Grupo **5**: sensibilização intraperitoneal a ß-Lg e administração oral de um hidrolisado de leite fermentado por *L. paracasei*; Grupo **6** sensibilizado por via intraperitoneal a ß-Lg e depois administrado por via oral um hidrolisado de leite obtido após fermentação pela combinação (Blg-strp); Grupo **7** sensibilizado por via intraperitoneal a ß-Lg e depois administrado por via oral um hidrolisado de leite fermentado pela combinação (Blg-Lp).

Os valores são apresentados como X±SE (n=6). ^{**}**Os valores (*p*)** representam a comparação dos títulos séricos de IgE contra a ß-Lg no D35 em grupos de ratinhos sensibilizados intraperitonealmente à ß-Lg e aos quais foram administrados os hidrolisados com o grupo de controlo positivo. p representa a comparação entre o grupo 2 e o grupo 1 *p<0,001.* ^{abcde}p representa a comparação entre o grupo 3 e o grupo 2 *p<0,01. p* representa a comparação entre o grupo 4 e o grupo 2 *p<0,01. p* representa a comparação entre o grupo 5 e o grupo 2 *p<0,01. p* representa a comparação entre o grupo 6 e o grupo 2 *p<0,01. p* representa a comparação entre o grupo 7 e o grupo 2 *p<0,01.*

É de notar que os níveis de produção de IgE anti-B-Lg eram indetectáveis no D0.

2.2.3 Efeito do ß-Lg na corrente de curto-circuito (Isc)

A avaliação do efeito terapêutico foi testada na câmara de Ussing em todos os animais que receberam hidrolisados de leite fermentado após imunização com ß-Lg.

^{2} Os nossos resultados mostram um aumento significativo de Isc Δ Isc = 24,8µA/cm no grupo de controlo positivo. [2]No grupo LF *L. paracasei*, a Isc diminui significativamente em comparação com o controlo positivo Δ Isc = 6µAZcm *(p<0,0001)*, seguido pelo grupo LF *faecium p<0,001, LF faecalis p<0,01, LF (*Lp-Blg*) p<0,01 e LF (*Strp-Blg*) p<0,01* (fig.34)

2.2.4 Medição da condutância (G)

Os resultados obtidos no (Quadro 16) representam os valores de condutância dos tecidos de animais que foram sensibilizados intapatitonealmente com ß-Lg e que depois receberam hidrolisados de leite fermentado.

[22]A condutância foi elevada no grupo de controlo positivo, aumentando de 37,43 ± 1,09 mmho/cm para 62,14 ± 1,31 mmho/cm *p<0,0001*. Nos grupos de ratos que receberam hidrolisados de leite fermentado, a condutância foi significativamente mais baixa do que no grupo de controlo positivo. A condutância do grupo de ratos de controlo negativo permaneceu inalterada.

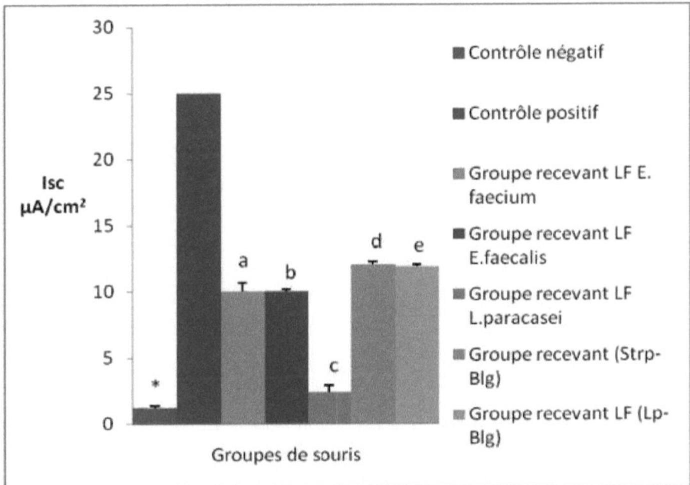

Fig. 34 Efeito da ß-Lg na corrente de curto-circuito (Isc) medida na câmara de Ussing em fragmentos jejunais de ratinhos sensibilizados intraperitonealmente com ß-Lg e que receberam depois hidrolisados de leite fermentado por via oral.

Grupo **1**: controlo negativo; Grupo **2**: controlo positivo; Grupo **3**: sensibilizado intraperitonealmente a ß-Lg seguido de administração oral de hidrolisado de leite fermentado por *E. faecium*; Grupo **4**: sensibilizado intraperitonealmente a ß-Lg seguido de administração oral de hidrolisado de leite fermentado por E. faecalis; Grupo **5**: sensibilizado intraperitonealmente a ß-Lg seguido de administração oral de hidrolisado de leite fermentado por L. *faecalis;* Grupo **6**: sensibilizado intraperitonealmente a ß-Lg seguido de administração oral de hidrolisado de leite fermentado por E. *faecium.* faecalis; Grupo **5** sensibilizado por via intraperitoneal a ß-Lg seguido de administração oral de um hidrolisado de leite fermentado por *L. paracasei*; Grupo **6** sensibilizado por via intraperitoneal a ß-Lg seguido da administração oral de um hidrolisado de leite fermentado por co-cultura (Blg-Lp); Grupo **7** sensibilizado por via intraperitoneal a ß-Lg seguido da administração oral de um hidrolisado de leite fermentado por co-cultura (Strp-BLg).

[ab]Os valores são apresentados como X±SE (n=6), *p* representa a comparação da Isc entre o grupo 1 e o grupo 2 *p<0,0001. p* representa a comparação da Isc entre o grupo 3 e o grupo 2

p<0,01. p representa a comparação da Isc entre o grupo 4 e o grupo 2 *p<0,01.* [cde]p representa a comparação da Isc entre o grupo 5 e o grupo 2 *p<0,001. p* representa a comparação da Isc entre o grupo 6 e o grupo 2 *p<0,01. p* representa a comparação da Isc entre o grupo 7 e o grupo 2 *p<0,01.*

Quadro 16: Condutância (G) de fragmentos jejunais de ratinhos sensibilizados intraperitonealmente com ß-Lg e que receberam depois hidrolisados orais de leite fermentado, montados em câmaras de Ussing, em resposta à estimulação com ß-Lg (60gg/ml).

<table>
<tr><th></th><th colspan="3">G
2
(mmho/cm^2</th></tr>
<tr><th></th><th>Antes de</th><th>β Lg</th><th>Depois de</th></tr>
<tr><td></td><td>depósito</td><td>(60 μgml)</td><td>depósito</td></tr>
<tr><td>Grupo de controlo negativo</td><td>19,15 ±0,22</td><td></td><td>20 ± 2,1*</td></tr>
<tr><td>Grupo de controlo positivo</td><td>37,43 ± 1,09</td><td></td><td>62,14 ± 1,31</td></tr>
<tr><td>Grupo que recebeu LF *Efaecium*</td><td>23,89 ± 1,59</td><td></td><td>34,05 ± 1,96 [a]</td></tr>
<tr><td>Grupo que recebeu LF *E.faecalis*</td><td>20± 0,45</td><td></td><td>32,53± 2,06 [b]</td></tr>
<tr><td>Grupo que recebeu L.*paracasei*</td><td>28,06± 2,13</td><td></td><td>37,03 ± 1,5 [c]</td></tr>
<tr><td>Grupo que recebeu LF (Blg-Lp)</td><td>27,5 ± 1,2</td><td></td><td>42 ± 2,29[d]</td></tr>
<tr><td>Grupo que recebe LF (Strp-Blg)</td><td>25,6 ± 2,72</td><td></td><td>39,04 ± 2,64[e]</td></tr>
</table>

Os valores representam a média ± erro padrão, X±SE (n=6);

Os valores *(p)* representam a comparação entre a condutância (G) em D35 nos grupos de ratinhos sensibilizados intraperitonealmente com ß-Lg e que receberam depois hidrolisados de leite fermentado, e o grupo de controlo positivo.

[ab]*p* representa a comparação entre o grupo de controlo negativo e o grupo de controlo positivo *p<0,0001*; p representa a comparação entre o grupo que recebeu LF *E. faecium* e o grupo de controlo positivo *p<0,001*; p representa a comparação entre o grupo que recebeu LF *E.* [cde]*faecalis* e o grupo de controlo positivo *p<0,001*; p representa a comparação entre o grupo que recebeu LF *L. paracasei* e o grupo de controlo positivo *p<0,01*; p representa a comparação entre o grupo que recebeu LF *(Blg-Lp)* e o grupo de controlo positivo *p<0,01*; p representa a comparação entre o grupo que recebeu LF (Strp-Blg) e o grupo de controlo positivo *p<0,01*.

Avaliação do efeito preventivo de diferentes hidrolisados de leite fermentado em animais sensibilizados intraperitonealmente à ß-Lg e oralmente ao leite bovino.

Mostrámos que os hidrolisados obtidos após a fermentação contêm fracções de péptidos com propriedades antioxidantes.

A modulação da resposta anafiláctica aos diferentes hidrolisados foi estudada *in vitro*, numa câmara de Ussing, em fragmentos de intestino de ratinhos previamente sensibilizados aos alergénios.

Animais sensibilizados por via intraperitoneal com ß-Lg

Observámos uma baixa produção de IgG e IgE anti-ß-Lg no soro em todos os grupos de animais tratados com hidrolisados, em comparação com o controlo positivo. No entanto, esta redução foi mais acentuada no grupo *LF paracasei.*

Os hidrolisados obtidos nestas condições podem ter as seguintes propriedades: por um lado, podem reduzir os epítopos alegénicos das proteínas do leite e, por outro lado, os péptidos resultantes da hidrólise podem também ter propriedades antioxidantes.

Esta baixa produção de IgG e IgE séricas pode ser explicada pelo facto de, durante o processo de fermentação, serem libertados derivados após a hidrólise das proteínas do leite pelas peptidases e proteases das bactérias lácticas. Estes derivados podem ser considerados como péptidos com potencial modulador e regulador no organismo (Ganjam et *al.*, 1997; Meisel e Bockelmann, 1999; Takano, 2002; Vinderola et *al.*, 2007). Estudos demonstraram que os compostos imunomoduladores são libertados após a fermentação do leite pela estirpe *Lactobacillus helveticus* R389 (Matar et *al.*, 2001). Os péptidos assim produzidos na mesma estirpe induzem uma resposta imunitária humoral protetora após infeção com E. coli (LeBlanc et *al.*, 2004).

A redução do número de epítopos e consequentemente a redução da antigenicidade/alergenicidade das proteínas hidrolisadas já foi observada por vários autores (Wroblewska et *al.*, 1995; Cross et *al.*, 2001; Bertrand-harb et *al.*, 2003; Nentwich et *al.*, 2004). Outros autores (Kleber et *al.*, 2006; Guanhao et *al.*, 2013) também demonstraram que as estirpes de bactérias do ácido lático reduzem as respostas antigénicas das proteínas do leite. Os nossos resultados sugerem que a atividade proteolítica observada nas estirpes estudadas pode levar a uma redução da antigenicidade das proteínas do leite.

No nosso trabalho, observámos a persistência de anticorpos IgE anti-ß-Lg em animais que receberam hidrolisados, mas em menor grau do que no controlo positivo. Isto sugere que os epítopos reconhecidos por IgE persistem nos hidrolisados. Um estudo sobre diferentes estirpes *de L. helveticus* realizado por Ehn et *al* (2005) em soro de leite mostrou uma hidrólise de mais de 80% para ß-Lg, mas os epítopos reconhecidos por IgE não foram afectados. Os nossos resultados sugerem, tal como relatado por Kleber et *al* (2006), que a atividade proteolítica no processo de fermentação é parcial e não permite o desaparecimento total dos epítopos reconhecidos por IgE.

O efeito da ß-Lg na corrente de curto-circuito (Isc) foi avaliado em fragmentos jejunais de ratinhos após o teste de provocação *in vitro em* câmara de Ussing.

Os nossos resultados mostram que a estimulação com o alergénio provoca um aumento significativo de Isc no grupo de controlo positivo. Numerosos estudos mostraram igualmente um aumento significativo da corrente de curto-circuito após o contacto do antigénio sensibilizante com fragmentos intestinais montados em câmara de Ussing (Saidi, 1995; Berin et *al.*,1997; Berin et *al.*,1998; Yang et *al.*,2000, Addou et *al.*,2004; Zellal et *al.*,2011). ˉ Este aumento da Isc corresponde a uma secreção electrogénica de Cl desencadeada pelo antigénio sensibilizador ß-Lg (Devor et *al.*, 2000; Yang et *al.*, 2000; Zellal et *al.*, 2011).

Em geral, os grupos que receberam os diferentes hidrolisados apresentaram uma resposta significativamente mais baixa à estimulação alergénica do que o controlo positivo. Este efeito foi mais marcado no grupo LF *L. paracasei.*

Paralelamente à Isc, verifica-se também um aumento da condutância, que se pensa ser uma das consequências da passagem dos alergénios através do epitélio intestinal (Kheroua et *al.*, 1987; Heyman et *al.*, 1990;Saidi et *al.*, 1995;Brandt et *al.*, 2003). A condutância dos tecidos estudados após estimulação pelo antigénio sensibilizante aumenta significativamente no grupo de controlo positivo. Este facto corresponde a um aumento da permeabilidade intestinal. A condutância dos tecidos nos grupos de ratos aos quais foram administrados hidrolisados de leite fermentado foi significativamente mais baixa do que a observada no grupo de controlo positivo.

Tendo em conta estes resultados, os hidrolisados estudados poderiam modular a resposta anafiláctica a diferentes níveis. A estirpe *L. paracasei* parece ser um candidato interessante, uma vez que reduz muito significativamente as imunoglobulinas séricas e, ao mesmo tempo, reduz a corrente de curto-circuito e a condutância. Kume et *al*, (2014) demonstraram que a ingestão oral durante 14 dias de uma dieta contendo péptidos de soro de leite e produtos lácteos fermentados teve um efeito protetor em ratos que sofriam de perturbações do intestino grosso.

A fim de determinar a natureza do aumento da Isc, os tecidos de todos os grupos estudados foram tratados com furosemida, um diurético conhecido por atuar rapidamente na inibição dos cotransportadores Cl/Na/K na membrana basolateral do enterócito, levando à inibição da secreção de cloro pelos canais CFTR (Devor et *al.*, 2000).

Os nossos resultados mostraram que a furosemida inibiu a corrente de curto-circuito em todos os grupos de animais (controlo e experimental). O aumento da Isc observado no nosso trabalho corresponde à secreção de cloro.

Estes resultados estão de acordo com Negaoui et *al* (2009), que mostraram que não foi observada qualquer alteração significativa após a adição de furosemida.

Ratos sensibilizados por via oral ao leite de vaca

Os resultados mostram que o grupo de controlo positivo produziu níveis altamente significativos de IgG e IgE séricos anti-ß-Lg. Para os grupos de ratos que receberam os hidrolisados de leite fermentado, observámos uma menor produção de IgG e IgE séricas em comparação com o controlo positivo.

Numerosos estudos mencionam um efeito anti-alérgico dos produtos lácteos fermentados, mas poucos autores demonstram realmente se este efeito está ligado à hidrólise de epítopos alérgicos ou a uma modulação da resposta imunitária pelas bactérias lácticas (Cross et *al.*, 2001). Numerosos estudos demonstraram que a fermentação do leite bovino por bactérias lácticas induz uma redução significativa da antigenicidade da a-la, ß-Lg e albumina de soro bovino (Jedrychowski e Wroblewska, 1999; Ckekroun et *al.*, 2006; Belkaaloul et *al.*, 2012). Há muito que os estudos referem que as fracções de antigénios alimentares se combinam com anticorpos no lúmen intestinal, formando complexos imunes que podem impedir a absorção de moléculas antigénicas e reagir com células T auxiliares e células T supressoras e, subsequentemente, regular a produção de IgG, IgA e IgE (Murphy e Walker, 1991; Sorenson et *al.*, 1993). Vinderola et *al* (2007) estudaram os efeitos da ingestão de leite fermentado com *Lactobacillus helveticus*

R389 a pH 6 durante 2, 5 e 7 dias na mucosa intestinal de ratinhos BALB/c saudáveis. Em todos os períodos de administração, foi demonstrado um aumento do número de células produtoras de IgA, IL-10, IL-2 e IL-6. A produção total de IgA no lúmen do intestino grosso foi estimulada nos ratinhos aos quais foi administrado o produto durante 2 dias, tal como a produção de IL-6 pelas células epiteliais após 7 dias de ingestão.

Avaliação do efeito terapêutico dos hidrolisados de leite fermentado em ratinhos sensibilizados intraperitonealmente com ß-Lg.

O estudo da avaliação do efeito terapêutico na câmara de Ussing mostrou que, em todos os grupos que receberam os hidrolisados de leite fermentado, houve uma diminuição da Isc em comparação com o controlo positivo. No grupo LF *L. paracasei*, a diminuição da Isc foi mais acentuada. O efeito observado está provavelmente relacionado com as propriedades antioxidantes dos péptidos produzidos durante a fermentação. De facto, foi demonstrado que os péptidos bioactivos com atividade antioxidante modulam a resposta imunitária (Korhonen & Pihlanto, 2006; Phelan et *al.*, 2009b). Também relataram que a hidrólise bacteriana produz péptidos bioactivos. Vários estudos na literatura abordaram a atividade imunomoduladora induzida pelo leite fermentado com *L. Helveticus*. Uma série de publicações do grupo de Matar demonstrou o efeito imunomodulador do leite fermentado com *L. Helveticus R389* e identificou os péptidos envolvidos (Matar, et *al.*, 1996; Matar, et *al.*, 2001; LeBlanc et *al.*, 2002; LeBlanc et *al.*, 2004). Por conseguinte, Hébert-Leclerc (2011) realizou um estudo posterior em ratos saudáveis para avaliar os efeitos imunomoduladores de um péptido derivado da hidrólise da β-Lg na forma purificada, após ingestão oral durante 7 dias. Este péptido provocou um aumento significativo dos níveis de IgA medidos nas fezes, mas não alterou os níveis de IgA no soro. Além disso, a produção de IL-4 pelos esplenócitos foi estimulada. Por conseguinte, o péptido ß-LG 27 f 96-99 administrado por via oral parece ter um efeito estimulador na resposta imunitária adaptativa de ratinhos saudáveis.

Um estudo realizado por Santos et *al* (2014) em crianças alérgicas mostrou que, após um desafio oral com hidrolisados de leite fermentado, a tolerância oral às proteínas do leite de vaca foi estabelecida. Os nossos resultados sugerem que a tolerância oral foi estabelecida nos grupos que receberam hidrolisados de leite Santos et *al*, (2014), Bennett et *al*, (2005), Jing & Kitts, (2004), Migliore- Samour et *al*, (1989); Phelan et *al*, (2009) e Sandré et *al*. (2001) relataram que o leite contém numerosos péptidos que afectam o sistema imunitário através de funções celulares e desempenham um papel importante na imunomodulação dos hidrolisados de caseína.

2.3 Estudo histológico

2.3.1 Membranas mucosas de ratinhos tratados oralmente com hidrolisados de leite fermentado e depois sensibilizados oralmente ao leite de vaca

Os nossos resultados mostram que, no grupo de controlo positivo, as vilosidades estão atrofiadas com epitélio pseudo-estratificado e o córion está marcadamente inflamado (fig. 35 D).

Nos grupos que receberam hidrolisados (fig. 35 B, C, E, F, G) observámos danos histológicos menores com menos sinais inflamatórios e vilosidades mais ou menos aumentadas. Os hidrolisados de leite fermentado parecem ter um efeito protetor no epitélio intestinal e reduzir as lesões histológicas causadas pelas proteínas do leite de vaca. As vilosidades do grupo de controlo negativo eram longas com epitélio não estratificado (fig.35 A). Resultados semelhantes foram observados em coelhos por Addou et *al* (2004). Também foi relatado que os probióticos desempenham um papel na proteção da arquitetura da mucosa intestinal (Frick et *al.*, 2007).

2.3.2 Membranas mucosas de ratinhos a quem foram administrados hidrolisados de leite fermentado e depois sensibilizados por via intraperitoneal com ß-Lg

(fig. 36 I) mostra uma secção histológica da mucosa do grupo de controlo positivo. Caracteriza-se por vilosidades revestidas por epitélio pseudo-estratificado, contendo células cúbicas com núcleos distróficos, e no córion o infiltrado inflamatório era extremamente acentuado. As secções histológicas da mucosa intestinal de grupos de ratos que receberam hidrolisados são mostradas nas (figs. 36 J, K, L, M, N). As vilosidades estão menos atrofiadas. Os nossos resultados sugerem que os hidrolisados estudados no nosso protocolo protegem a arquitetura da mucosa intestinal.

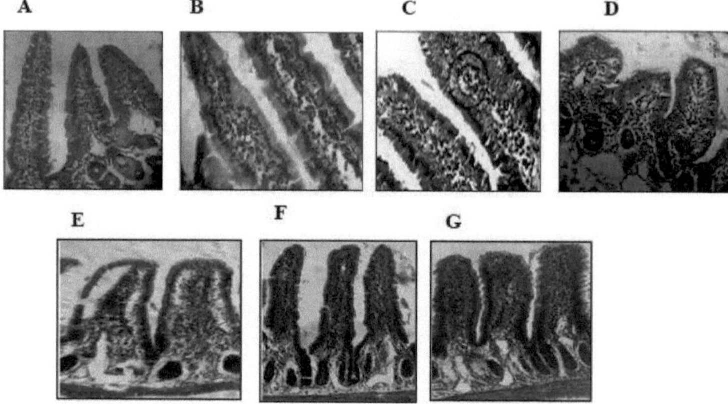

Fig.35 Observação microscópica de fragmentos jejunais de ratinhos no D35 que receberam hidrolisados de leite fermentado e depois foram sensibilizados oralmente para o leite de vaca (X40).

A. Fragmento jejunal de um rato do grupo de controlo negativo;

B. Fragmento jejunal de um ratinho do grupo que recebeu LF *L. paracasei* por via oral e depois foi sensibilizado para o leite de vaca por via oral;

C. Fragmento jejunal de ratinhos do grupo que recebeu LF *E. faecium* por via oral e depois foi sensibilizado para o leite de vaca por via oral;

D. Fragmento jejunal de um rato do grupo de controlo positivo;

E. Fragmento jejunal de ratinhos do grupo que recebeu LF *E. faecalis* por via oral e depois foi sensibilizado para o leite de vaca por via oral;

F. Fragmento jejunal de ratinhos do grupo que recebeu LF *(Blg-Lp)* por via oral e depois foi sensibilizado para o leite de vaca por via oral;

G. Fragmento jejunal de ratinhos do grupo que recebeu LF *(Strp-Lp)* por via oral e depois foi sensibilizado para o leite de vaca por via oral

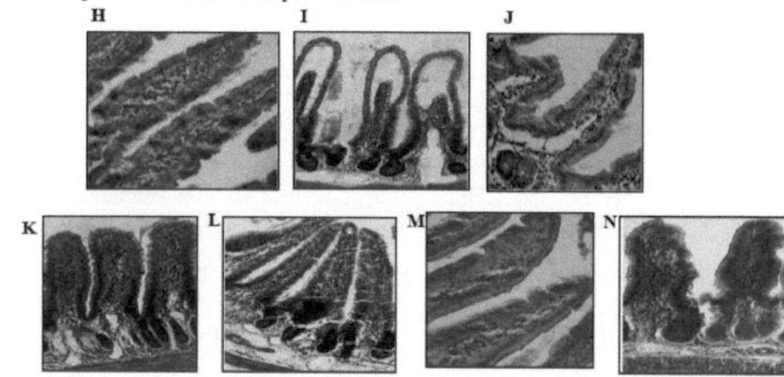

H.

I. Fig. 36 Observação microscópica de fragmentos jejunais de ratinhos no D35 que receberam hidrolisados de leite fermentado por via oral e depois foram sensibilizados intraperitonealmente com ß-Lg (X40).

J. Fragmento jejunal de um rato do grupo de controlo negativo;

K. Fragmento jejunal de um rato de controlo positivo sensibilizado intraperitonealmente com ß-Lg;

L. Fragmento jejunal de ratinhos do grupo que recebeu LF *E. faecium* por via oral e depois foi sensibilizado com ß-Lg por via intraperitoneal;

M. Fragmento jejunal de ratinhos do grupo que recebeu LF *(Blg-Lp)* por via oral e depois foi sensibilizado com ß-Lg por via intraperitoneal;

N. Fragmento jejunal de ratinhos do grupo que recebeu LF *L. paracasei* por via oral e depois foi sensibilizado com ß-Lg por via intraperitoneal;

O. Fragmento jejunal de ratinhos do grupo que recebeu LF *(Blg-Lp)* por via oral e depois foi sensibilizado com ß-Lg por via intraperitoneal.

P. Fragmento jejunal de ratinhos do grupo que recebeu LF *E. faecalis* por via oral e depois foi sensibilizado com ß-Lg por via intraperitoneal.

Conclusão

As proteínas alimentares são uma fonte de péptidos com várias actividades biológicas, tais como a atividade anti-hipertensiva, a atividade imunoestimulante e a atividade antioxidante. Estes péptidos são produzidos *in vivo/in vitro* e durante a transformação dos alimentos. Os péptidos bioactivos estão amplamente presentes nos queijos e leites fermentados. As enzimas proteolíticas das bactérias do ácido lático também contribuem para a produção de péptidos bioactivos.

Neste trabalho, abordámos dois pontos importantes para determinar se a utilização de produtos de degradação da hidrólise bacteriana das proteínas do leite de vaca por bactérias lácticas selecionadas é uma boa alternativa para proteger a barreira intestinal. A primeira parte do trabalho envolveu a avaliação do desempenho das estirpes utilizadas durante a fermentação. Todas as estirpes apresentaram um bom perfil de fermentação, uma vez que a acidificação do meio foi conseguida rapidamente. A análise electroforética por SDS-PAGE dos hidrolisados do leite fermentado por estas estirpes mostrou uma degradação das proteínas do leite, nomeadamente das caseínas, com o aparecimento de péptidos de diferentes pesos moleculares. As proteases responsáveis por esta hidrólise são principalmente metaloproteases. A análise cromatográfica por HPLC mostrou que os péptidos hidrofóbicos foram gerados em diferentes gradientes lineares e tempos de retenção para cada hidrolisado. A avaliação da capacidade antioxidante das fracções de péptidos hidrofóbicos dos hidrolisados mostrou que os péptidos produzidos pela estirpe *L.paracasei* têm uma atividade antioxidante mais acentuada. Isto sugere que *L.paracasei* pode ser um bom candidato para produzir leites fermentados com propriedades antioxidantes funcionais. Em segundo lugar, uma avaliação *ex-vivo* do efeito preventivo em câmara de Ussing mostrou que a administração prévia de hidrolisados a ratinhos sensibilizados intraperitonealmente com B-Lg e oralmente com leite de vaca reduziu o nível de produção de imunoglobulinas IgG e IgE anti ß-Lg. O estudo do efeito terapêutico mostrou igualmente que a administração de hidrolisados atenuava a resposta imunitária. As propriedades preventivas e terapêuticas foram mais acentuadas com a estirpe *L.paracasei*. Isto sugere que, durante o processo de fermentação, são libertados derivados peptídicos após a hidrólise das proteínas do leite pelas peptidases e proteases das bactérias lácticas. Estes derivados podem ser péptidos com potencial modulador e regulador no organismo. *L.paracasei* parece ser de interesse uma vez que reduz muito significativamente as imunoglobulinas séricas e, ao mesmo tempo, reduz a corrente de curto-circuito e a condutância nos animais sensibilizados ao principal antigénio sensibilizante do soro de leite bovino, a β-Iactoglobulina.

Podemos sugerir que os hidrolisados obtidos podem ter as seguintes propriedades: por um lado, podem reduzir os epítopos alegénicos das proteínas do leite, reduzir a inflamação e proteger a integridade da barreira intestinal e, por outro lado, os péptidos resultantes da hidrólise podem também ter propriedades antioxidantes.

No futuro, seria interessante avaliar os outros efeitos na saúde humana dos péptidos bioactivos produzidos por hidrólise pelas estirpes selecionadas neste trabalho, e uma análise completa do perfil peptídico seria importante para sequenciar os péptidos envolvidos neste efeito fisiológico.

Referências

1. Addou S., D. Tomé, O. Kheroua, D. Saidi, Parenteral immunization to β-Iactoglobulin modifies the intestinal structure and mucosal electrical parameters in rabbit, *International. Immunopharmacology.* 2004; 4:1559-1563.

2. Adel-Patient K., Bernard H., Wal J.-M. Fate of allergens in the digestive tract. *Revue Française d'Allergologie et d'Immunologie Clinique*, 2008 ; 48: 335-343.

3. Adson A., Raub T.J., Burton P.S., Barsuhn C.L., Hilgers A.R., Audus K.L., e Ho N.F. Quantitative approaches to delineate paracellular diffusion in cultured epithelial cell monolayers. *Journal of Pharmaceutical Sciences*, 1994; 83:1529-1536.

4. Ahmadova A., Dimov S., Ivanova I., Choiset Y., Chobert J.-M., Kuliev A., Haertlé T. Actividades proteolíticas e segurança da utilização de estirpes de Enterococci isoladas de produtos lácteos tradicionais do Azerbaijão. *Investigação e Tecnologia Alimentar Europeia*, 2011; 233: 131-140.

5. Aloglu H. S. e Oner Z. Determinação da atividade antioxidante de fracções de péptidos bioactivos obtidos a partir de iogurte. *Journal of Dairy Science*, 2011 ; 94: 5305-5314.

6. Amiot J., Fournier S., Lebeuf Y., Paquin P., Simpson R. Chapitre 1 : Composition, propriétés physicochimiques, valeurs nutritive, qualité technologique et techniques d'analyse du lait. In : Science et Technologie du lait ; transformation du lait.C. L.Vignola, ed. Presses Internationales Polytechniques, Montréal, Québec, p.1-73.2002.

7. Ammor M., Flórez A., Mayo B. Antibiotic resistance in non-enterococcal lactic acid bacteria and bifidobacteria. *Food Microbiology,* 2007; 24: 559-570.

8. Anema S. G. Efeito da concentração de sólidos do leite na desnaturação da proteína do soro, alterações do tamanho das partículas e solubilização da caseína no leite desnatado tratado a alta pressão. *International Dairy Journal,* 2008; 18: 228-235.

9. Apostolidis E., Kwon Y.I.I., Shetty K. Potential of cranberry-based herbal synergies for diabetes and hypertension management, *Asia Pacific Journal of Clinical Nutrition*, 2006; 15:433-441.

10. Argyri A. A., Zoumpopoulou G., Karatzas K.A. G., Tsakalidou E., Nychas G.J. E., Panagou E. Z., Tassou C. C. Seleção de potenciais bactérias probióticas do ácido lático a partir de azeitonas fermentadas através de testes in vitro. *Food Microbiology*, 2013; 33:282-291.

11. Arizcum C., Barcina Y. & Torre P. Identificação e caraterização da atividade proteolítica de *enterococcus* spp. isolados de leite cru e de queijo Roncal e idiazabal. *Lait*, 1997; 77: 729-736.

12. Aslim B., Yuksekdag Z.N., Sarikaya E., Beyatli Y. Determinação da substância semelhante à bacteriocina produzida por algumas bactérias do ácido lático isoladas de produtos lácteos turcos, LWT-FoodScience *and Technology,*2005; 38: 691-694.

13. Axelsson L. Lactic acid bacteria: classification and Physiology.in Lactic acid bacteria. Aspectos microbiológicos e funcionais. Nova Iorque: Marcel Dekker, Inc, 2004, p.1-66.

14. Barbosa J., Ferreira V., Texeira P. Suscetibilidade a antibióticos de Enterococos isolados de produtos cárneos fermentados tradicionais. *Food Microbiology*, 2009; 26: 527-532.

15. Barnig C., Schulmeister U., Swoboda I., Bessot J.C. Spitzauer S., Pauli G. Alergia à proteína do leite de vaca sem alergia associada ao leite de ovelha em adultos. *Revue Française d'Allergologie et d'Immunologie Clinique*, 2005 ; 45:608-11.

16. Batdorj B., Dalgalarrondo M., Choiset Y., Pedroche J., Metro F., Prevost H., Chobert

JM., Haertlé T. Purificação e caraterização de duas bacteriocinas produzidas por bactérias do ácido lático isoladas do airag da Mongólia. *Journal of Applied Microbiology*, 2006; 101: 837-848.

17. Belkaaloul K, Chekroun A, Chobert J.-M., Haertlé T., Saidi D. e O. Kheroua. Prevenção da Inflamação da Mucosa Intestinal por Duas Co-culturas de Lactobacillus plantarum-Bifidobacterium longum e Streptococcus thermophilus-Bifidobacterium longum. *Journal of Food Science and Engineering*.2012; 2: 685-690.

18. Belut D., Moneret-Vautrin D.A., Nicolas J.P., Grilliat J.P. IgE levels in intestinal juice. *Digestive Diseases and Sciences*, 1980; 25:323-32.

19. Ben Belgacem Z., Abriouel H., Ben Omar N., Lucas R., Martínez-Canamero M., Gálvez A., Manai M. Antimicrobial activity, safety aspects, and some technological properties of *bacteriocinogenic Enterococcus faecium* from artisanal Tunisian fermented meat. Food Control, 2010; 21(4): 461-470.

20. Ben omar N., Castro A., Lucas R., Abriouel H., Yousif N. M., Franz C., Holzalpef M., Pérez-Pulido W. H. R., Martinez-Cañamero M., Gálvez A. Aspectos funcionais e de segurança dos enterococos isolados de diferentes alimentos espanhóis. *Microbiologia Sistemática e Aplicada*, 2004; 27:118-130.

21. Bennett L. E., Crittenden R., Khoo E., & Forsyth S. Avaliação das propriedades imunomoduladoras de fracções selecionadas de péptidos lácteos. *Australian Journal of Dairy Technology*, 2005; 60:106-109.

22. Berin M.C., Kiliaan A.J., Yang P.C., Groot J.A., Taminiau J.A., Perdue M.H. Rapid transepithelial antigen transport in rat jejunum: impact of sensitization and the hypersensitivity reaction. Gastroenterologia, 1997; 113:856-864.

23. Berin M.C., Kiliaan A.J., Yang P.C., Groot J.A.,Kitamura Y., Perdue M.H. The influence of mast cells on pathways of transepithelial antigen transport in rat intestine. *The journal of immunology*, 1998; 161: 2561-2566.

24. Bertrand-Harb C., Ivanova I., Dalgalarrondo M., Haertlé T. Evolution of β-lactoglobulin and α-lactalbumin content during yoghurt fermentation (Evolução do teor de β-lactoglobulina e α-lactalbumina durante a fermentação do iogurte). *International Dairy Journal*, 2003; 13: 39-45.

25. Besler M., Steinhart H., Paschke A. Estabilidade de alergénios alimentares e alergenicidade de alimentos processados. *Journal of Chromatography*, 2001; 756 : 207- 228.

26. Bidat E. A alergia alimentar nas crianças. *Archives de pédiatrie*, 2006; 13 :1349-1353.

27. Bischoff S.C. & Crowe S.E. Gastrointestinal food allergy: new insights into pathophysiology and clinical perspectives. *Gastroenterologia*, 2005; 128, 1089-1113.

28. Brandt E.B., Strait R.T., Hershko D., Wang Q., Muntel E.E., Scribner T.A., Zimmermann N., Finkelman F.D., Rothenberg M.E. Mast cells are required for experimental oral allergen-induced diarrhea. *Journal of Clinical Investigation*, 2003; 112: 1666-1677.

29. Brandtzaeg P. O intestino como comunicador entre o ambiente e o hospedeiro: consequências imunológicas. *Jornal Europeu de Farmacologia*, 2011; 668(1): 16-32.

30. Broadbent J., Steele J. Cheese flavor and the genomics of lactic acid bacteria (O sabor do queijo e a genómica das bactérias do ácido lático). Sociedade Americana de Microbiologia. *News*, 2005; 71: 121-128.

31. Bu G., Luo Y., Chen F.,K. Liu, Zhu T. Processamento de leite como uma ferramenta para reduzir a alergenicidade do leite de vaca: uma mini-revisão. *Journal of Dairy Science and technology*, 2013 ; 93:211223.

32. Callewaert R. and de Vuyst L. Bacteriocin production with *Lactobacillus amylovorus* DCE 471 is improved and stabilized by fed-batch fermentation. *Applied and Environmental Microbiology*, 2000; 66: 606-613.

33. Carr F. J., Chill D., Maida N. The lactic acid bacteria: A literature survey, *Critical Reviews in Microbiology*, 2002; 28 (4): 281-370.

34. Chatchatee P., Jarvinen K., Bardina L., Vila L., Beyer K., Sampson H.A. Identification of IgE and IgG binding epitopes on beta and kappa-casein in cow's milk allergic patients. Clinical & Experimental Allergy, 2001; 31: 1256-1262.

35. Chirdo F.G., Millington O.R., Beacock-Sharp H., Mowat A.M. Immunomodulatory dendritic cells in intestinal lamina propria. *Jornal Europeu de Imunologia*, 2005; 35: 1831-40.

36. Christensen J.E., Dudley E.G., Pederson J.A., Steele J.L. Peptidases and amino acid catabolism in lactic acid bacteria. *Antonie Van Leeuwenhoek*, 1999; 76: 217-246.

37. Cintas L.M., Herraz C., Hernandez P.E., Casaus M.P., Nes I.F., et Hernandez P.E. Bacteriocin of lactic acid bacteria. *Food Science and Technology International*, 2000; 7(4): 281-305.

38. Ckekroun A., Bensoltane A., Kheroua O., Saidi D. Biotechnological characteristics of fermented milk by bacterial associations of the st strains Streptococcus, Lactobacillus and bifidobacterium. *Egyptian Journal of Basic and Applied Sciences,* 2006; 21(2b): 583-598.

39. Clare D. A., & Swaisgood H. E. Peptídeos bioativos do leite: um prospeto. Journal of Dairy Science, 2000; 83: 1187-1195.

40. Cocco R. R., J€arvinen K. M., Sampson H. A., & Beyer K. Mutational analysis of major, sequential IgE-binding epitopes in αS1-casein, a major cow's milk allergen. *Journal of Allergy and Clinical Immunology*, 2003; 112: 433-437.

41. Cole Z. A., Clough G. F. & Church M. K. Inhibition by glucocorticoids of the mast cell-dependent weal and flare response in human skin in vivo. *British Journal of Pharmacology*, 2001; 132: 286-292.

42. Çon A. H. e Gökalp A.Y. Produção de metabolitos semelhantes a bacteriocinas por culturas de ácido lático isoladas de amostras de sucuk. Meat Science, 2000; 55(1): 89-96.

43. Considine T., Patel H. A., Anema S. G., Singh H., e Creamer L. K. Interações das proteínas do leite durante os tratamentos térmicos e de alta pressão hidrostática - uma revisão. *Ciência Alimentar Inovadora e Tecnologias Emergentes*, 2007; 8: 1-23.

44. Conway P.L., Gorbach S.L., Goldin B.R. Survival of lactic acid bacteria in the human stomach and adhesion to intestinal cells. *Journal of Dairy Science,* 1987; 70(1): 1-12.

45. Cross M., Stevenson L., Gill H. Anti-allergy properties of fermeted foods: an important immunoregulatorymechanism of lactic acid bacteria? *Internacional Immunopharmacollogy*, 2001; 1:891-901.

46. De Boissieu D, Dupont C. Alergia ao leite de vaca mediada por IgE. *Archives de pediatrie*, 2006; 13:1283-1284.

47. De Leo, F., Panarese, S., Gallerani, R., & Ceci, L. R. Péptidos inibidores da enzima de conversão da angiotensina (ACE): produção e implementação de alimentos funcionais. *Current Pharmaceutical Design*, 2009; 15: 3622- 3643.

48. De Man J. C., Rogosa M., Sharpe E.M. A medium for the cultivation of lactobacillii. *Journal of Applied Bacteriology*, 1960; 23: 130-135.

49. De Vuyst L. e Vandamme E. J. (1994). Potencial antimicrobiano das bactérias do ácido lático. Em L. de Vuyst, & E. J. Vandamme (Eds.), Bacteriocins of lactic acid bacteria: microbiology, genetics and applications (pp. 91e142). Londres, Reino Unido: Blackie

Academic & Professional.

50. Desjeux J.-F., Heyman M., GRASSET E. Sistemas de transporte de membranas, genética e nutrição; o exemplo das anomalias congénitas do transporte intestinal nas crianças. *Reproduction Nutrition Development*,1984; 24(5B) :785-792.

51. Desmazeaud M. L'état des connaissances en matière de nutrition sur les bactéries lactiques. *Le lait*, 1983; 63: 286-310.

52. Devor D.C., Bridges J.R., Pilewski J.M. Pharmacological modulation of ion transport across wild type and Delta F508 CFTR-expressing human bronchial epithelia. *American Journal of Physiology and cell physiology;* 2000; 279: 461- 479.

53. Diaz Muniz I., Banavara D., Budinich M., Rankin S.A., Dudley E.G. Steel J.L. Lactobacillus casei metabolic potential to utilize citrate as an energy source in ripening cheese: a bioinformatics approach. *Journal of Applied Microbiology*, 2006; 101: 872882.

54. Donkor O. N. (2007). Influência de organismos probióticos na libertação de compostos bioactivos em iogurte e iogurte de soja. Tese de doutoramento, Universidade de Victoria, Melbourne, Austrália.

55. Du Toit M., Franz C.M., Dicks L.M., Schillinger U., Haberer P., Warlies B., Ahrens F., Holzapfel W.H. Characterisation and selection of probiotic lactobacilli for a preliminary minipig feeding trial and their effect on serum cholestrerol levels, faeces pH and faeces moisture content. *Jornal Internacional de Microbiologia Alimentar*, 1998; 40: 93- 104.

56. Dunne C., O'Mahony L., Murphy L., Thornton G., Morrissey D., O'Halloran S., Feeney M., Flynn S., Fitzgerald G., Daly C., Kiely B., O'Sullivan G.C., Shanahan F., Collins J.K., In vitro selection criteria for probiotic bacteria of human origin: correlation with in vivo findings. *American Journal of Clinical Nutrition*, 2001; 73 (2):386-392.

57. Ehn B., Allmere T., Telemo E., Bengtsson U. Modificação da ligação da IgE à α-lactoglobulina de variantes genéticas e influência do método de purificação na estrutura secundária. *Milwissenschaft*, 1990; 45: 694-698.

58. Ejtahed H. S., Mohtadi-Nia J., Homayouni-Rad A., Niafar M., Asghari-Jafarabadi M., e Mofid V. O iogurte probiótico melhora o estado antioxidante em pacientes diabéticos tipo 2. *Nutrition,* 2012; 28: 539-543.

59. Elfahri K.R., Donkor O.N., Vasiljevic T. Potencial de novas estirpes *de Lactobacillus helveticus* e das suas proteases ligadas à parede celular para libertar péptidos fisiologicamente activos das proteínas do leite. *International Dairy Journal*, 2014; 38(1): 37-46

60. El mecherfi K.E.D. Avaliação da imunorreactividade e alergenicidade das lactoproteínas bovinas após hidrólise enzimática combinada com tratamento por micro-ondas. Interesse dos microarrays de alérgenos na multidetecção de respostas IgE específicas em crianças polissensibilizadas às proteínas do leite de vaca. 2012. Tese de doutoramento.

61. El Mecherfi K.E., Rouaud O., Curet S., Negaoui H., Chobert J.-M., Kheroua O., Saidi D. e Haertlé T. A hidrólise péptica da beta-lactoglobulina bovina sob tratamento com micro-ondas reduz a sua alergenicidade num modelo de alergia murino *ex vivo*. *International Journal of Food Science & Technology*, 2015; 50(2): 356-364.

62. El Shafei H.A., Adel-sabour H., Ibrahim N., e Mostefa Y.A. Isolamento, rastreio e caraterização de bactérias lácticas e bactérias produtoras de bacteriocinas isoladas de produtos fermentados tradicionalmente. *Food Microbiology Research,* 2000; 154(4):321-331.

63. El Soda M., Ahmed N., Omran N., Osman G. e Morsi A. Isolamento, identificação e seleção de culturas de bactérias lácticas para a produção de queijo. *Emirates Journal of Food and Agriculture*, 2003; 15:51-71.

64. El-Baradei G., Delacroix-Buchet A. e Oiger J.C. Biodiversidade bacteriana do leite fermentado tradicional de Zabady. *Jornal Internacional de Microbiologia Alimentar*, 2008; 121:295301.

65. El-Ghaish S., Dalgalarrondo M., choiset Y., Sitohy M., Ivanova I., Haertlé T. Chobert J.-M. Screening of strains of lactococci isolated from Egyptian dairy products for their proteolytic activity. *Food Chemistry*, 2010; 120:758-764.

66. El-Ghaish S., Hadji-Sfaxi I., Ahmadova A., Choiset Y., Rabesona H., Sitohy M., Haertlé T., & Chobert J.-M. Characterization of two safe *Enterococcus* strains producing enterocins isolated from Egyptian dairy products. *Beneficial Microbes*, 2011; 2:15-27.

67. Elias R.J., Kellerby S.S., Decker E.A. Antioxidant activity of proteins and peptides. *Critical Reviews in Food Science and Nutrition*, 2008; 48 (5): 430-441.

68. Erdmann K., Cheung B. W. Y., Schröder H. The possible roles of food derived bioactive peptides in reducing the risk of cardiovascular disease. *The Journal of Nutritional Biochemistry*, 2008; *19*: 643-654.

69. Exterkate F. A., Alting A. C., & Bruinenberg P. G. Diversidade da especificidade da proteinase do envelope celular entre estirpes de Lactococcus lactis e sua relação com as caraterísticas de carga da região de ligação ao substrato. *Applied and Environmental Microbiology*, 1993; 59, 3640-3647.

70. Fernandez-Espla M.D., Garault P., Monnet V., Rul F. Streptococcus thermophilus cell wall-anchored proteinase: release, purification, and biochemical and genetic characterization. *Applied and Environmental Microbiology*, 2000; 66:4772-4778.

71. Fiocchi A., Brozek J., Schunemann H., Bahna S., Von Berg A., Beyer K., Bozzola M., Bradsher J., Compalati E., Ebisawa M., Guzman M. A., Li H., Heine R. G., Keith P., Lack G., Landi M., Martelli A., Rancé F., Sampson H., Stein A., Terracciano L., e Vieths S. World Allergy Organization (WAO) Diagnosis and Rationale for Action against Cow's Milk's Allergy (DRACMA) Guidelines. *Pediatric Allergy and Immunology*, 2010; 21: 1-125.

72. Fira D., Kojic M., Banina A., Spasojevic I., Strahinic I. e Topisirovic L. Characterization of cell envelope associated proteinases of thermophilic lactobacilli. *Journal of Applied Microbiology*, 2001; 90: 123-130.

73. Fox A.T., Thomson M., Adverse reactions to cow's milk (Reacções adversas ao leite de vaca). *Pediatria e saúde infantil*, 2007; 17:288-294.

74. Fox P., Singh T., McSweeney P. Biogenesis of flavor compounds in cheese, in: Malin E.L., tunick M.H. (Eds), Chemistry of Structure/Function Relationships in cheese, Plenum Press. Nova Iorque, 1993; 59-98.

75. Fox P., Wallace J. Formation of flavour compounds (Formação de compostos aromatizantes). *Avanços em Microbiologia Aplicada, 1997;* 45: 17-85.

76. Franz C. M. A. P., Stiles M. E., Schleifer K. H., & Holzapfel W. H. Enterococci in foods e a conundrum for food safety. *International Journal of Food Microbiology*, 2003; 88:105-122.

77. Freitas A. C., Pintado A. E., Pintado M. E., & Malcata F. X. Ácidos orgânicos produzidos por lactobacilos, enterococos e leveduras isolados de queijo picante. *European Food Research and Technology*, 1999; 209: 434-438.

78. Frick J.S., Fink K., Kahl F., Niemiec M.J., Quitadamo M., Schenk K., et al, Identification of commensal bacterial strains that modulate *Yersinia enterocolitica* and dextran sodium sulfate-induced inflammatory responses: Implications for the development of probiotics, Infect. Immun, 2007; 75: 3490-3497.

79. Fritsche R. O papel da tecnologia na alergia aos lacticínios. *Australian Journal of Dairy Technology,* 2003; 58:89-91.

80. Galli S.J. Mastócitos e basófilos.*Current Opinion in Hematology,* 2000; 7:32-39.

81. Galli S.J. Kalesnikoff J., Grimbaldeston M.A., Piliponsky A.M., Williams C.M., Tsai M. Mast cells as "tunable" effector and immunoregulatory cells: recent advances. *Annuals Review of Immunology,* 2005; 23: 749-786.

82. Ganjam L.S., Thornton W.H., Marshall R.T., Macdonald R.S. Antiproliferative effects of yogurt fractions obtained by membrane dialysis on cultured mammalian intestinal cells. *Journal of Dairy Science,* 1997; 80: 2325-2329.

83. Gardini F., Martuscelli M., Caruso M. C., Galgano F., Crudele M. A., Favati F., Guerzoni M. E., Suzzi G. Effects of pH, temperature and NaCl concentration on the growth kinetics, proteolytic activity and biogenic amine production of *Enterococcus faecalis. International Journal of Food Microbiology,* 2001; 64: 105-117.

84. Gilbert C., Atlan D., Blanc B., Portailer R., Germond J. E., Lapierre L., Mollet B. Uma nova proteinase de superfície celular: Sequenciação e análise do gene prtB de Lactobacillus delbrueckii subsp. bulgaricus. Journal of Bacteriology, 1996; 178, 3059-3065.

85. Gilbert C., Blanc B., Frot-Coutez J., Portalier R., Atlan D. Comparaison of cell surface proteinase activities within the Lactobacillus genus. *Journal of Dairy Science,* 1997; 64: 561-571.

86. Gill H. S., Doull F., Rutherfurd K. J., Cross M. L. Immunoregulatory peptides in bovine milk. *British Journal of Nutrition,* 2000; 84(1): 111-117.

87. Giraffa G. Functionality of enterococci in dairy products, *International Journal of Food Microbiology,* 2003; 88: 215-222.

88. Gotcheva V., Pandiella S., Angelov A., Roshkova Z. Identificação da microflora da bebida fermentada búlgara à base de cereais boza. *Process biochemistry,* 2000; 36(1/2): 127-130.

89. Gousia P., V. Economou H. Sakkas S. Leveidiotou e C. Papadopoulou. Antimicrobial resistance of major foodborne pathogens from major meat products. *Foodborne Pathogens and Disease,* 2011 ; 8: 27-38.

90. Guanhao B. , Yongkang L. , Fusheng C., Kunlun L., Tingwei Z. O processamento do leite como uma ferramenta para reduzir a alergenicidade do leite de vaca: uma mini-revisão. *Dairy Science & Technology,* 2013; 93:211-223.

91. Gomez-Ruiz J. A., Ramos M., e Recio I. Peptídeos inibidores da enzima conversora da angiotensina em queijos manchegos fabricados com diferentes fermentos lácteos. *International Dairy Journal,* 2002; 12: (8), 697-706.

92. Hafeez Z., Cakir-Kiefer C. Girardet J.-M., Jardin J., Perrin C., Dary A., Miclo L. Hidrólise de péptidos bioactivos derivados do leite por peptidases extracelulares associadas a células de Streptococcus thermophilus. *Microbiologia Aplicada e Biotecnologia,* 2013; 97: 9787-9799.

93. Haquea E., Chanda R., & Kapilab, S. Biofunctional properties of bioactive peptides of milk origin. *Food Reviews International,* 2009; 25: 28-43.

94. Hartmann R., & Meisel H. Peptídeos derivados de alimentos com atividade biológica: da investigação às aplicações alimentares. *Opinião Atual em Biotecnologia,* 2007; 18:163- 169.

95. Hata I., Ueda J., e Otani H. Immunostimulatory action of a commercially available casein phosphopeptide preparation, CPPIII, in cell cultures. *Milchwissenschaft,* 1999; 54(1): 3-7.

96. Hayes M., Ross R. P., Fitzgerald G. F., Hill C., e Stanton C. Peptídeos antimicrobianos

derivados da caseína gerados por Lactobacillus acidophilus DPC6026. *Applied and Environmental Microbiology*, 2006; 72: 2260- 2264.

97. Hayes M., Stanton C., Slattery H., O'Sullivan O., Hill C., Fitzgerald G. F., Ross R.P. Casein fermentate of Lactobacillus animalis DPC6134 contains a range of novel propeptide angiotensin-converting enzyme inhibitors. *Applied and Environmental Microbiology*, 2007; 73: 4658-4667.

98. Hébert-Leclerc C. 2011. Estudo da atividade imunomoduladora do péptido beta-LG f96-99 em ratos saudáveis. Tese de mestrado, Université Laval, Québec, 104 páginas.

99. Hernández-Ledesma B., Hsieh C.-C., de Lumen B.O. Propriedades quimiopreventivas do péptido lunasina: uma revisão. *Protein and Peptide Letters,* 2013; 20: 424-432.

100.Hernández-Ledesma B., García-Nebot M. J., Fernández-Tomé S., Amigo L., Recio I. Hidrolisados de proteínas lácteas: Péptidos para a saúde. *International Dairy Journal,* 2014; 38(2):82-100.

101.Heyman M., Andriantsoa M., Crain-Denoyelle A.M., Desjeux J.F. Effect of oral or parenteral sensitization to cow's milk on mucosal permeability in Guinea pigs. *International Archives of Allergy and Immunology*, 1990; 92:242-246.

102.Heyman M., Boudraa G., Sarrut S., Giraud M., Evans L., Touhami M., Desjeux J.-F. Macromolecular Transport in Jejunal Mucosa of Children with Severe Malnutrition: A Quantitative Study. *Journal of pediatric gastroenterology and nutrition*, 1984; 3: 3, 357-363.

103.Heyman M. Food antigens, the intestinal barrier and mucosal immunity (Antigénios alimentares, barreira intestinal e imunidade da mucosa). *Cahiers de nutrition et de diététique*, 2010; 45: 65-71.

104.Holck A., & Naes H. Clonagem, sequenciação e expressão do gene que codifica a proteinase associada ao desenvolvimento celular de Lactobacillus paracasei subsp. Paracasei NCDO 151. *Journal of General Microbiology*, 1992; 138: 1353-1364.

105.Anfitrião A. Frequência da alergia ao leite de vaca na infância. *Annals of Allergy, Asthma and Immunology*, 2002 ; 89 :33-6.

106.Hould R. Técnica de histopatologia e de citologia. Montréale. *Décarie*, 1984; 47:156.

107.Ibsaine O., Djenouhat K., Lemdjadani N., Berrah H. Incidência de alergia à proteína do leite de vaca mediada por IgE durante o primeiro ano de vida. *Nutrition santé, 2013* ; 2: 9-16.

108.Jacobsen C.N., Rosenfeldt Nielsen V., Hayford A.E., Moller P.L., Michaelsen K.F., Paerregaard A., Sandstrom B., Tvede M., Jakobsen M. Screening of probiotic activities of forty-seven strains of Lactobacillus spp. by in vitro techniques and evaluation of the colonization ability of five selected strains in humans. *Applied and Environmental Microbiology,* 1999; 65: 4949-4956.

109.Jäkälä P., & Vapaatalo H. Antihypertensive peptides from milk proteins. *Pharmaceuticals,* 2010; 3: 251-272.

110.Jankovic I, Sybesma W, Phothirath P, Ananta E, Mercenier A. Aplicação de probióticos em produtos alimentares - desafios e novas abordagens. *Opinião Atual em Biotecnologia.* 2010; 21:175-81.

111.Jedrychowski L., Wroblewskans B. Redução da antigenicidade das proteínas do soro de leite através da fermentação do ácido lático. *Food and Agricultural Immunology*, 1999; 11: 91-99.

112.Jing H., & Kitts D. D. Redox-related cytotoxic responses to different casein glycation products in Caco-2 and int-407 cells. *Journal of Agricultural and Food Chemistry*, 2004; 52: 3577-3582.

113.Joffin J.N. e Leyral G.1996. Microbiologia técnica. Centro Regional de Documentação Pedagógica da Aquitânia, Bordéus, França: 219-223.

114.Juillard V., Spinnler M., Desmazeaud M. J., Bouquien C.Y. Cooperação e inibição entre bactérias lácticas utilizadas na indústria de lacticínios. *Lait*, 1987 ; 69: 149-172.

115.Julliard V., Laan H., Kunji E., Jeronimus-stratingh C.M., Bruins A., Konings W. A proteinase extracelular do tipo PI de lactococcus lactis hidrolisa a β-caseína em mais de cem oligopeptídeos diferentes. *Journal of Bacteriology*, 1995; 177: 34723478.

116.Kaiserlian D., Lachaux A., Grosjean I., Graber P., Bonnefoy J.Y. As células epiteliais intestinais exprimem a molécula CD23/Fc epsilon RII: expressão reforçada nas enteropatias. *Immunology*, 1993; 80:90-5.

117.Kandler O. Carbohydrate metabolism in lactic acid bacteria. *Antonie Van Leeuwenek*, 1983; 49:209-224

118.Katla A., Kruse H., Johnsen G., Herikstad H. Antimicrobial susceptibility of starter culture bacteria used in Norwegian dairy products. *International Journal of Food Microbiology*, 2001; 67: 147-152.

119.Kawakami T. & Galli S.J. Regulation of mast-cell and basophil function and survival by IgE. *Nature Review of Immunology*, 2002; 2: 773-786.

120.Ke D., Picard F., Martineau F., Menard C., Roy P.H., Oulette M., Bergeron M.G. developpement of *PCR assay for rapid detection of Enterococci. Journal of Clinical Microbiology*, 1999; 37: 3497-3503.

121.Keita A.V., Soderholm J.D. A barreira intestinal e a sua regulação por factores neuroimunes. *Neurogastroenterologia e Motilidade*, 2010; 22(7):718-733.

122.Khalid N., Marth E. Lactobacilli-their enzymes and role in ripening and spolage of cheese: a review. *Journal of Dairy Science*, 1990; 73: 2669-2684.

123.Kheroua O., Tomé D., Marcon-Genty D., Ben Mansour A., Desjeux J-F. Anticholeraic effect and intestinal transepithelial passage of native and soluble formaldehyde- modified caseins. Padiatric Research, *European Society for Paediatric Research,* 1987; 22(2): 234-234.

124.Kieronczyk A., Skeie S., Olsen K., Langsrud T. Metabolismo de aminoácidos por células em repouso de lactobacilos não iniciadores em relação ao desenvolvimento do sabor no queijo. *International Dairy Journal*, 2001; 11:217-224.

125.Kleber N., Weyrich U., Hinrichs J. Screening for lactic acid bacteria with potential to reduce antigenic response of β-lactoglobulin in bovine skim milk and sweet whey. *Innovative Food Science and Emerging Technologies*, 2006; 7:233-238.

126.Kmet V., Javorsky P., Nemocova R., Kopecny J., Boda K. Ocorrência de atividade conjugativa amilolítica nos lactobacilos do rúmen. *Zentralblatt für Mikrobiologie, 1989; 144(1): 53-57.*

127.Koessler K.K., Hanke M.T., Sheppard M.S. Production of histamine, tyramine, brochospastic and arteriospastic substance in blood broth by pure cultures of microorganisms. *Journal of Infectious Diseases,* 1928; 3: 363-377.

128.Korhonen H. e Pihlanto A. Food-derived bioactive peptides opportunities for designing future foods. *Current Pharmaceutical Design*, 2003; 9:1297-1308.

129.Korhonen H., Pihlanto A. Bioactive peptides: Production and functionality. *International Dairy Journal*, 2006; 16, 945-960.

130.Kume H., Okazaki K., Takahashi T., Yamaji T. Efeito protetor de uma dieta imunomoduladora que inclui péptidos de soro de leite e produtos lácteos fermentados em distúrbios do intestino delgado induzidos pela indometacina em ratos. *Clinical Nutrition,*

2014 ; 33(6):1140-1146.

131.Kunji E. R. S., Mierau I., Hagting A., Poolman B., Konings W.N. Proteolytic systems of lactic acid bacteria. *Antonie van Leeuwenhoek* 1996; 70: 187-221.

132.Laan H., & Konings W.N. Mechanism of proteinase release from Lactococcus lactis subsp. cremoris Wg2. *Applied and Environmental Microbiology*, 1989; 55: 31013106.

133.Lachaux A., Grosjean I., Bonnefoy J.Y., Kaiserlian D. Soluble serum CD23 levels and CD23 molecule expression on intestinal epithelial cells in infants with reaginic and non-reaginic cow's milk's allergy. *Jornal Europeu de Pediatria*, 1996; 155:918.

134.Lantz C.S., Yamaguchi M., Oettgen H.C., Katona I.M., Miyajima I., Kinet J.P., and Galli S.J. IgE regulates mouse basophil FceRI expression in vivo. *Journal of Immunology,* 1997; 158: 2517-2521.

135.Larché M., Akdis C., Valenta R. Immunological mechanisms of allergen-specific immunotherapy. *Nature reviews /immunology* volume 6. Nature Publishing Group 2006.Botturi K., Magnan A. Histamine, a new T lymphocyte cytokine? *Revue française d'allergologie et d'immunologie clinique*, 2006 ; 46: 640-647.

136.Larpent J.P. e Larpent M.G. Memento technique de microbiologie. Segunda edição técnica e documental Lavoisier, 1990; 417-420.

137.LeBlanc J. G., Matar C., Valdez J. C., LeBlanc J., & Perdigon G. Immunomodulating effects of peptidic fractions issued from milk fermented with Lactobacillus helveticus. *Journal of Dairy Science*, 2002; 85: 2733- 2742.

138.LeBlanc J., Fliss I., and Matar C. Induction of a humoral immune response following an Escherichia coli O157:H7 infection with an immunomodulatory peptidic fraction derived from Lactobacillus helveticus-fermented milk. *Clinical and Diagnostic Laboratory Immunology*, 2004; 11: 1171-1181.

139.Li H., Sheppard D.N., e Hug M.J. Medições eléctricas transepiteliais com a câmara de Ussing. *Journal of Cystic Fibrosis,* 2004; 3:123-126.

140.Liu D., Sun H., Zhang L., Li S., e Qin Z. Expressão de alto nível do peptídeo anti-hipertensivo derivado do leite em Escherichia coli e sua bioatividade. *Journal of Agricultural and Food Chemistry*, 2007; 55: 5109-5112.

141.López-Expósito R., & Recio I. Atividade antibacteriana de péptidos e variantes de dobragem de proteínas do leite. *International Dairy Journal*, 2006; 16: 1294-1305.

142.Lorient D., Closs B., Courthaudon J.L.Connaissances nouvelles sur les propriétés fonctionnelles des protéines du lait et des dérivés. *Lait*, 1991; 71:141-171.

143.Lydyard P.M., Whelan A., Fanger M.W. Essentials of Immunology. Edition Berti: Paris, 2002; 309 p.

144.Maeno M., Yamamoto N., and Takano T. Identification of an antihypertensive peptide from casein hydrolysate produced by a proteinase from Lactobacillus helveticus Cp790. *Journal of Dairy Science*, 1996;79(8): 1316-1321.

145.Mallegol J., van Niel G., Heyman M. Phenotypic and functional characterization of intestinal epithelial exosomes. *Blood Cells, Molecules and Diseases*, 2005; 35: 11-16.

146.Mallegol J., Van N.G., Lebreton C., Lepelletier Y., Candalh C., Dugave C., Heath J.K., Raposo G., Cerf-Bensussan N., Heyman M. T84-intestinal epithelial exosomes bear MHC class II/peptide complexes potentiating antigen presentation by dendritic cells. *Gastroenterology*, 2007; 132:1866-1876.

147.Maragkoudakis P.A., Zoumpopoulou G., Miaris C., Kalantzopoulos G., Pot B., Tsakalidou E. Potencial probiótico de estirpes de Lactobacillus isoladas de produtos lácteos.

International Dairy Journal, 2006; 16: 189-199.

148.Marcon-Genty D., Tome D., Kheroua O., Dumontier A. M., Heyman M., Desjeux J.- F. Transport of beta-lactoglobulin across rabbit ileum in vitro. *American Journal of Physiology - Gastrointestinal and Liver Physiology*, 1989; 256: 6, 943-948.

149.Maruyama S, Suzuki H. A peptide inhibitor of angiotensin-I converting enzyme in the tryptic hydrolysate of casein. *Agricultural and Biological Chemistry*, 1982; 46:13931394.

150.Maruyama S., Awaya J., Tomizuka N., Mitachi H., Kurono M., e Suzuki H. Angiotensin I-converting enzyme inhibitor activity of the C-terminal hexapeptide of αs1-casein. *Agricultural and Biological Chemistry,* 1987; 51: 2557-2561.

151.Masco L., Van Hoorde K., De Brandt E., Swings J., Huys G. Antimicrobial susceptibility of Bifidobacterium strains from humans, animals and probiotic products (suscetibilidade antimicrobiana de estirpes de Bifidobacterium de humanos, animais e produtos probióticos). *Journal of Antimicrobial Chemotherapy*, 2006; 58(1): 85-94.

152.Matar C., Amiot J., Savoie L., & Goulet J. The effect of milk fermentation by Lactobacillus helveticus on the release of peptides during in vitro digestion. *Journal of Dairy Science*, 1996; 79: 971- 979.

153.Matar C., Valdez J. C., Medina M., Rachid M., & Perdigon G. Immunomodulating effects of milks fermented by Lactobacillus helveticus and its nonproteolytic variant. *Journal of Dairy Research*, 2001; 68: 601- 609.

154.Matar C., LeBlanc J. G., Martin L., Perdigon G. Biologically active peptides released in fermented milk: Role and functions. Em E. R. Farnworth (Ed.), Handbook of fermented functional foods. *Functional foods and nutraceuticals series.* 2003, 177-201. Flórida, EUA: CRC Press.

155.Maxwell S. R. J., e Lip G. Y. H. Free radicals and antioxidants in cardiovascular disease. *British Journal of Clinical Pharmacology*, 1997; 44: 307- 317.

156.McSweeney P., Sousa M. Biochemical pathways for the production of flavor compounds in cheeses during ripening: A review. *Lait*, 2000; 80: 293-324.

157.Meisel H. Biochemical properties of bioactive peptides derived from milk proteins: Potential nutraceuticals for food and pharmaceutical applications. *Livestock Production Science*, 1997; 50: 125- 138.

158.Meisel H., Bockelmann W. Péptidos bioactivos encriptados nas proteínas do leite: ativação proteolítica e propriedades trofofuncionais. *Antonie van Leeuwenhoek*, 1999;76: 207-215.

159.Meisel H., and FitzGerald R. J. Biofunctional peptides from milk proteins: Mineral binding and cytomodulatory effects. *Current Pharmaceutical Design*, 2003; 9: 12891295.

160.Ménard S., Cerf-Bensussan N. e Heyman M. Multiple facets of intestinal permeability and epithelial handling of dietary antigens. Mucosal Immunology, 2010; 3: 247-259.

161.Ménard S., Lebreton C., Schumann M., Matysiak-Bunik T., Dugave C., Bouhnik Y., Malamut G., Cellier C., Allez M., Crenn P., Schuzke J.D., Cerf-Bensussan N., e Hehman M. Paracellular versus transcellular intestinal permeability to gliadin peptides in active celiac disease. *The American Journal of Pathology*, 2012; 180(2):608-615.

162.Mercier A., Gauthier S.F., Fliss I. Efeitos imunomoduladores das proteínas do soro de leite e dos seus digeridos enzimáticos. *International Dairy Journal* , 2004; 14: 175-183.

163.Merja N., Sirpa J., Marja-Leena L., Hans S., Soili M.-K., Johanna M.K., Nina H., Tari H., Kristiina T., Juha R. Interações moleculares entre um anticorpo IgE recombinante e o alergénio β-Lactoglobulina. *Structure,* 2007; 15: 1413-1421.

164.Miclo L., Perrin E., Driou A., Papadopoulos V., Boujrad N., Vanderesse R., Boudier J.F., Desor D., Linden G.,Gaillard J.L. Characterization of α-casozepine, a tryptic peptide from bovine αs1-casein with benzodiazepine-like activity. *Jornal da Federação das sociedades americanas de biologia experimental*, 2012; 15: 1780-1782.

165.Migliore-Samour D., Floc'h F., & Jolle's P. Biologically active casein peptides implicated in immunomodulation. *Journal of Dairy Research*, 1989; 56, 357-362.

166.Mikelsaar M. and zilmer M. *Lactobacillus fermentum* ME-3 an ntimicrobial and antioxidative probiotic. *Microbial Ecology in Health and Disease*, 2004; 1:1-27.

167.Minkiewicz P., Slangen C. J., Dziuba J., Visser S., e Mioduszewska H. Identificação de péptidos obtidos através da hidrólise da caseína bovina pela quimosina utilizando HPLC e espetrómetro de massa. *Milchwissenschaft*, 2000 ; 55(1) : 14-17.

168.Morali A. Alergias às proteínas do leite de vaca e na pediatria. *Revue Française des Laboratoires*, 2004 ; 363: 47-55.

169.Moslehishad M., Ehsani M. R., Salami M., Mirdamadi S., Ezzatpanah H., Naslaji A. N., Moosavi-Movahedi A. A avaliação comparativa das actividades inibidoras da ECA e antioxidantes das fracções peptídicas obtidas a partir de leite fermentado de camelo e de bovino por Lactobacillus rhamnosus PTCC 1637. *International Dairy Journal*, 2013; 29:82-87

170.Muro Urista C., Álvarez Fernández R., Riera Rodriguez F., Arana Cuenca A., & Téllez Jurado A. Revisão: Produção e funcionalidade de péptidos activos a partir do leite. *Food Science and Technology International*, 2011; 17: 293-317.

171.Murphy MS., walker W.A. Celiac desease. *Pediatrics in Review*, 1991; 12: 325-30.

172.Nakamura Y., Yamamoto N., Sakai K., Okubo A., Yamazaki S., & Takano, T. Purificação e caraterização dos inibidores da enzima de conversão da angiotensina-I do leite azedo. *Journal of Dairy Science*, 1995; 78(4): 777-783.

173.Negaoui H., Kaddouri H., Kheroua O. & Saidi D. A model of intestinal anaphylaxis in whey sensitized Balb/c mice. *American Journal of Immunology*, 2009; 5:56-60.

174.Negrao-Correa D., Adams L.S., Bell R.G. Intestinal transport and catabolism of IgE: a major blood-independent pathway of IgE dissemination during a Trichinella spiralis infection of rats. *Journal of Immunology*, 1996; 157: 4037-44.

175.Netwich I., Szefalusi Z., Kunz C., Spurgin P., Urbanek R. Antigenicidade para humanos de caseínas de leite de vaca, hidrolisado de caseína e fracções de hidrolisado de caseína. *Ata Veterinaria Brno*, 2004; 55:50-61.

176.Netwich I., Szepfalusi Z., Kunz C., Spurgin P., Urbanek R. Antigenicity for humans of cow milk caseins, casein hydrolysate and casein hydrolysate fractions. *Ata Veterinaria Scandinavica*, 2004; 73:291-298.

177.Panesar P. S. Fermented Dairy Products: Starter Cultures and Potential Nutritional Benefits (Produtos lácteos fermentados: culturas iniciais e potenciais benefícios nutricionais). *Ciências da Alimentação e Nutrição*, 2011; 2: 47-51

178.Pastar I., Tonic I., Golic N., Kojic M., van Kranenburg R., Kleerebezem M., Topisirovic L., Jovanovic G. Identificação e caraterização genética de uma nova proteinase, PrtR, do isolado humano Lactobacillus rhamnosus BGT10. *Applied and Environmental Microbiology*, 2003; 69, 5802-5811.

179.Pederson J., Mileski G., Weimer B., Steele J. Genetic characterization of a cell envelope associated proteinase from lactobacillus helveticus CNRZ32. *Journal of Bacteriology*, 1999 ; 181: 4592-4597.

180.Pescuma M., Hébert E., Mozzi F., Font de Valez G. Whey fermentation by thermophilic lactic acid bacteria: Evolution of carbohydrates and protein content. *Food Microbiology,* 2008, 25: 442-451.

181.Pescuma M., Hébert E. M., Rabesona H., Drouet M., Choiset Y., Haertlé T., Mozzi F., Font de Valdez G., Chobert J.-M. Proteolytic action of Lactobacillus delbrueckii subsp. bulgaricus CRL 656 reduces antigenic response to bovine b-lactoglobulin. *Food Chemistry,* 2011 ; 127: 487-492.

182.Phelan M., Aherne A., Fitzgerald R. J., & O'Brien N. M. Casein-derived bioactive peptides: biological effects, industrial uses, safety aspects and regulatory status. *International Dairy Journal,* 2009b; 19: 643-654.

183.Pihlanto A. Antioxidative peptides derived from milk proteins (Péptidos antioxidantes derivados das proteínas do leite). *International Dairy Journal,* 2006; 16: 1306- 1314.

184.Powell D.W. Barrier functions of epithelia (Funções de barreira dos epitélios). *American Journal of Physiology,* 1981; 241: 275-288.

185.Qian B., Xing M., Cui L., Deng Y., Xu Y., Huang M., Zhang S. Actividades antioxidantes, anti-hipertensivas e imunomoduladoras de fracções de péptidos de leite desnatado fermentado com *Lactobacillus delbrueckii ssp. bulgaricus* LB340. *Journal of Dairy Research,* 2011; 78: 72-79.

186.Rahimi E., M. Ameri e H. R. Kazemeini. Prevalência e resistência antimicrobiana de espécies de Campylobacter isoladas de carne crua de camelo, vaca, borrego e cabra no Irão. *Foodborne Pathogens and Disease,* 2010; 7:443-447.

187.Rance F., Lymphocytes T et allergies alimentaires. *Revue française d'allergologie et d'immunologie clinique,* 2007; 47: 214-218.

188.Raposo G., Nijman H.W., Stoorvogel W., Liejendekker R., Harding C.V., Melief C.J., and Geuze H.J. B lymphocytes secrete antigen-presenting vesicles. *Journal of Experimental Medicine,* 1996; 183: 1161-1172.

189.Re R., Pellegrini N., Proteggente A., Pannala A., Yang M., Rice-Evans C., Antioxidant activity applying an improved ABTS radical cation decolorization assay. *Free Radical Biology and Medicine,* 1999; 26: 1231-1237.

190.Rea M., Cogan T. Glucose prevents citrate metabolism by enterococci. *International Journal of Food Microbiology,* 2003; 88N 2/3: 201-206.

191.Regazzo D., Da Dalt L., Lombardi A., Andrighetto C., Negro A., & Gabai G. Leites fermentados de Enterococcus faecalis TH563 e Lactobacillus delbrueckii subsp. bulgaricus LA2manifestam diferentes graus de actividades inibidoras da ECA e imunomoduladoras. *Dairy Science and Technology,* 2010; 90: 469-476.

192.Rival S. G., Fornaroli S., Boeriu C. G., e Wichers H. J. Caseínas e hidrolisados de caseína. 1. Propriedades inibidoras da lipoxigenase. *Journal of Agricultural and Food Chemistry,* 2001; 49: 287-294.

193.Ross G., Louise E. Alergia ao leite de vaca: um distúrbio complexo. *Jornal do Colégio Americano de Nutrição,* 2005; 24:582-591.

194.Ruttarattanamongkol K. Funcionalização de proteínas de trigo por extrusão de fluido supercrítico reativo. *Songklanakarin Journal of Science and Technology,* 2012; 34, 395-402.

195.Saidi D., Heyman M., Kheroua O., Boudraa G., Bylsma P., Kerroucha R., Chekroun A., Maragi J.-A., Touhami M., Desjeux J.-F. Jejunal response to β-lactoglobulin in infants with cow's milk allergy. Actas da Academia Francesa das Ciências. Série 3, *Ciências da Vida,* 1995; 318(6): 683-689.

196.Salami M., Yousefi R., Ehsani M. R., Razavi S. H., Chobert J.M., Haertle T., Saboury A. A., Atri M. S., Niasari-Naslaji A., Ahmade F., Moosavi-Movahedi A. A. Digestão enzimática e atividade antioxidante dos estados de glóbulos nativos e fundidos da a-lactalbumina de camelo: Possível significado para utilização em fórmulas para lactentes. *International Dairy Journal*, 2009; 19: 518-523.

197.Sandré C., Gleizes A., Forestier F., Gorges-Kergot R., Chilmonczyk S., Leonil J., Moreau MC, Labarre C. Um péptido derivado da beta-caseína bovina modula as propriedades funcionais dos macrófagos derivados da medula óssea de ratinhos sem germes e associados à flora humana. *Journal of Nutrition*, 2001 ; 131: 2936-2942

198.Santos A.C. Onde e como induzir tolerância em crianças alérgicas ao leite. *Revue française d'allergologie*, 2014 ; 54 :183-187.

199.Sarantinopoulos P., Andrighetto C., Georgalaki M. D., Rea M. C., Lombardi A., Cogan T. M., Kalantzopoulos G., Tsakalidou E. Biochemical properties of enterococci relevant to their technological performance. *International Dairy Journal*, 2001; 11: 621-647.

200.Sarantinopoulos P., Kalantzopoulos G., Tsakalidou E. Citrate metabolismby Enterococcus faecalis FAIR-E229. *Applied and Environmental Microbiology*, 2001; 67:5482-5487.

201.Savijoki K., Ingmer H., & Varmanen P. Proteolytic systems of lactic acid bacteria. *Applied Microbiology and Biotechnology*, 2006; 71: 394-406.

202.Schagger H., Aquila H., AND Vonjagow G. Coomassie Blue-Sodium Dodecyl SulfatePolyacrylamide Gel Electrophoresis for Diret Visualization of Polypeptides during Electrophoresis. *Analytical Biochemistry*, 1988; 173(20): 1-205.

203.Schillinger U. e Lucke F. Antimicrobial activity of Lactobacillus sake isolated from meat. *Applied and Environmental Microbiology*, 1989; 55:1901-1906.

204.Schleifer K.H., Ludwig W. Filogenia do género Lactobacillus e géneros relacionados. *Systematic and Applied Microbiology*, 1995b; 18: 461-467.

205.Schwan H.P. Impedância de polarização de eléctrodos e medições em materiais biológicos. *Academia Anual de Ciências de Nova Iorque*, 1968; 148(1):191-209.

206.Selo I., Negroni L., Creminon C., Yvon M., Peltre G., e Wal J.M. Allergy to bovine β-lactoglobulin: specificity of human IgE using cyanogen bromide- derived peptides. *Arquivo Internacional de Alergia e Imunologia*, 1998; 117: 20-28.

207.Sharma S., Kumar P., Betzel C., Singh T.P. Structure and function of proteins involved in milk allergies. *Journal of Chromatography B*, 2001; 756:183-187.

208.Shori A. B. Atividade antioxidante e viabilidade de bactérias do ácido lático em iogurte de soja feito de leite de vaca e camelo. *Jornal da Universidade de Taibah para a Ciência*, 2013; 7: 202-208.

209.Sicherer S.H., Sampson H.A. Concentrações de IgE específicas da proteína do leite de vaca em dois grupos etários de crianças alérgicas ao leite e em crianças que atingem tolerância clínica. *Clinical and Experimental Allergy*, 1999; 29(4):507-512.

210.Siezen R. J. Multi-domínio, proteinases de envelope celular de bactérias do ácido lático. *Antonie Van Leeuwenhoek*, 1999; 76, 139-155.

211.Silva S. V., Malcata F. X. As caseínas como fonte de péptidos bioactivos. *International Dairy Journal*, 2005; 15:1-15.

212.Sisto A., e Lavermicocca P. Adequação de uma estirpe probiótica de *Lactobacillus paracasei* como cultura de arranque na fermentação da azeitona e desenvolvimento do produto inovador patenteado "azeitonas de mesa probióticas". *Frontiers in Microbiology*,

2012; 3.

213.Skripak J. M., Matsui E. C., Mudd K., Wood R. A. The natural history of IgE-mediated cow's milk allergy. *Journal of Allergy and Clinical Immunology*, 2007; 120:11721177.

214.Sorenson R.U., Porch M.C. e Tu L.C. Food allergy in children (Alergia alimentar em crianças). [nd]Text book of pediatric Nutrition 2 edition, editado por RM skind e Lewinter'Suskind. New York Raven Press, ltd, 1993; 457-469.

215.Spahn T.W., Kucharzik T. Modulating the intestinal immune system: the role of lymphotoxin and GALT organs.*Gut,* 2004; 53(3):456-465.

216.Stackebrandt E., Teuber M. Molecular taxonomy and phylogenetic position of lactic acid bacteria, *Biochimie*, 1988; 70 (3):317-24.

217.Stanley G., Schultz e Zalusky R. Ion Transport in Isolated Rabbit Ileum. *The Journal of General Physiology,* 1964; 47(3): 567-584.

218.Stefanitsi D., Sakellaris G., Garel J. A presença de duas proteinases associadas à parede celular de *lactobacillus bulgaricus. FEMS Microbiology Letters,* 1995; 128:53-58.

219.Strahinic I., Kojic M., Tolinacki M., Fira D., Topisirovic L. A presença do gene prtP Proteinase no isolado natural *Lactobacillus plantarum* BGSJ3-18. *Cartas em Microbiologia Aplicada,* 2010; 50: 43-49.

220.Suetsuna K., Ukeda H., e Ochi H. Isolamento e caraterização de peptídeos derivados da caseína com actividades de eliminação de radicais livres. *Journal of Nutrition and Biochemistry*, 2000; 11, 128-131.

221.Sütas Y, Hurme M, Isolauri E. Down-regulation of anti-CD3 antibody-induced IL-4 production by bovine caseins hydrolysed with Lactobacillus GG-derived enzymes. *Scandinavian Journal of Immunology*, 1996; 43: 687-689.

222.Suzzi G., Caruso M., Gardini F., Lombardi A., Vannini L., Guerzoni M. E., Andrighetto C., & Lanorte M. T. A survey of the enterococci isolated from an artisanal Italian goat's cheese (semicotto caprino). *Journal of Applied Microbiology*, 2000; 89: 267-274.

223.Takano T. Anti-hypertensive activity of fermented dairy products containing biogenic peptides. *Antonie van Leeuwenhoek, 2002; 82: 333-340.*

224.*Tauzin J., Miclo L., e Gaillard J.-L. Angiotensin-Iconverting enzyme inhibitory peptides from tryptic hydrolysate of bovine as2-casein. FEBS Letters, 2002; 531(2):* 369-374.

225.*Terzaghi B.E. e Sandine W.E. Improved mediumfor lactic streptococci and their bacteriophages. Journal of Applied Microbiology, 1975; 29: 807-813.*

226.*Tsakalidou E., Manolopoulou E. Tsilibari V., Georgalaki M., Kalantzopoulos G. Esterolytic activities of Enterococcus durans and Enterococcus faecium strains isolated from Grrk cheese. Ntherlands Milk and Dairy Journal, 1993; 47:145-150.*

227.*Tsuge I., Kondo Y., Tokuda R., Kakami M., Kawamura M., Nakajima Y., Komatsubara R., Yamada K., Urisu A. Resposta de células T auxiliares específicas de alergénios em* doentes com alergia ao leite de vaca: análise simultânea da proliferação e *produção de citocinas por. Clinical and Experimental Allergy, 2006; 36: 1538-1545.*

228.*Tzvetkova I., Dalgalarrondo M., Danova S., Iliev I., Ivanova I., Chobert J.-M., Haertlé T. Hydrolysis of major dairy proteins by lactic acid bacteria from Bulgarian yogurts. Journal of Food Biochemistry, 2007; 31: 680-702.*

229.*Ussing Hans H., Zerahn K. Transporte ativo de sódio como fonte de corrente eléctrica na pele de rã isolada em curto-circuito. Ata Physiological Scandinavica, 1951; 23, (2-3):* 110-127.

230.Van Niel G., Raposo G., Candalh C., Boussac M., Hershberg R., Cerf-Bensussan N.,

Heyman M. Intestinal epithelial cells secrete exosome-like vesicles. *Gastroenterology*, 2001; 121: 337-349.

231. Veljovic K., Fira D. Terzic-Vidojevic A., Abriouel H. Galvez A., Topisirovic L. Evaluation of antimicrobial and proteolytic activity of Enterococci isolated from fermented products. *Investigação e Tecnologia Alimentar Europeia*, 2009; 230: 63-70.

232. Vermeirssen V., Van Camp J., & Verstraete W. Bioavailability of angiotensin I converting enzyme inhibitory peptides. Revisão do *British Journal of Nutrition*, 2004; 92: 357- 366.

233. Villani F., & Coppola S. Seleção de estirpes de enterococos para o fabrico de queijo Mozzarella de búfala. *Annales Microbiologia Enzimologia*, 1994; 44: 97-105.

234. Vinderola G., Matar C., Palacios J., Perdigón G. Mucosal immunomodulation by the non-bacterial fraction of milk fermented by *Lactobacillus helveticus* R389. *International Journal of Food Microbiology*, 2007; 115: 180-186.

235. Wang W., De Mejia E. G. A new frontier in soy bioactive peptides that may prevent age-related chronic diseases. *Comprehensive Reviews in Food Science and Food Safety*, 2005; *4:63-78*.

236. Weisburg W., Barns S., Pelletier D., Lane D. 16S ribosomal DNA amplification for phylogenetic study. *Journal of Bacteriology*, 1991; 137: 697-703.

237. Williams A., Withers S., Banks J. Energy sources of non-starter lactic acid bacteria isolated from Cheddar cheese. *International Dairy Journal*, 2000; 10: 17-23.

238. [st]Wood B., Holzapfel W., Banks J. The genera of lactic acid bacteria, 1 ed. *Blackie Academic and professional, Glasgow*, Reino Unido, 1995; p.42.

239. Wood B., Warner P. Genetics of lactic acid bacteria. *Kluwer Academic.Plenum Publshers*, Nova Iorque, 2003, p. 26.

240. Wrobleswska B., Jedrychowski L., Bielecka M. The effect of selected microorganisms on the presence of immunoreactive fractions in cow and goat milks. Polish *Journal of Nutrition & Food Sciences*, 1995; 4/45(3):21-28.

241. Xanthopoulos V., Litopoulou-Tzanetaki E., Tzanetakis N. Characterization of Lactobacillus isolates from infant faeces as dietary adjunts. *Food Microbiology*, 2000; 17(2): 205-215.

242. Xiong Y. L. Antioxidant peptides. Em Y. Mine, B. Jiang, & E. [e]Li-Chan (Eds.), Bioactive proteins and peptides as functional foods and neutraceuticals (pp. 29 39). Ames, Iowa, EUA (2010): Wiley-Blackwell.

243. Yamamoto Y., Togawa Y., Shimoska M., Okazaki M. Purificação e caraterização de um novo bacteriocil produzido por *Enterococcus faecalis* estirpe Rj-11. *Applied and Environmental Microbiology*, 2003; 69: 5746- 5753.

244. Yang P.C., Berin M.C., Yu L.C., Conrad D.H., Perdue M.H. O aumento do transporte transepitelial intestinal de antigénio em ratos alérgicos é mediado por IgE e CD23 (Fcepsilon RII). *Journal of Clinical Investigation*, 2000; 106: 879-86.

245. Zacarías M. F., Binetti A., Laco M., Reinheimer J., e Vinderola G. Caracterização tecnológica e probiótica preliminar de bifidobactérias isoladas do leite materno para uso em produtos lácteos. *International Dairy Journal*, 2011 ; 21:548-555.

246. Zellal D. 2009. Efeito do tratamento combinado de aquecimento por micro-ondas e pH na alegenicidade das proteínas do leite de vaca em ratinhos Balb/c.

247. Zellal D., Kaddouri H., Grar H., Belarbi H., Kheroua O. e Saidi D. Alterações alergénicas na β-lactoglobulina induzidas por irradiação de micro-ondas em diferentes condições de pH.

Food and Agricultural Immunology, 2011; 22: 355-363.

248.Zhao S., P. F. McDermott S. Friedman J. Abbott S. Ayers A. Glenn E. Hall-Robinson S. K. Hubert H. Harbottle R. D. Walker T. M. Chiller e D. G. White. Antimicrobial resistance and genetic relatedness among Salmonella from retail foods of animal origin: NARMS retail meat surveillance. *Foodborne Pathogens and Disease,* 2006; 3: 106-117.

249.Zhao X. H., Wu D., Li T. J. Preparação e atividade de eliminação de radicais de plasteínas de caseína catalisadas por papaína. *Dairy Science Technology*, 2010; 90: 521-535.

250.Zhou N., Zhang J. X., Fan M. T., Wang J., Guo G., e Wei X. Y. Resistência antibiótica de bactérias do ácido lático isoladas de iogurtes chineses. *Journal of Dairy Science*, 2011; 95:4775-4783.

More
Books!

info@omniscriptum.com
www.omniscriptum.com
OMNIScriptum

Printed by Books on Demand GmbH, Norderstedt / Germany